猫と暮らすと幸せになる77の理由

監修・石田卓夫

現代人のお悩み、ズバッと解決！

猫暮らし
マニュアル付き

Collar出版

はじめに

ストレスの元に囲まれた現代社会。
心はイライラ、人間関係はギスギスになりがちな毎日。

家の中に動物がいてくれたら癒されるのに…

なんて、思うことはありませんか？

癒されるだけではありません。
じつは、動物と一緒に暮らすことには
さまざまなメリットがあるのです。
さらにはあなたのお悩みも、一挙解決！
となるかもしれないのです。

では、あなたの家に、
どんな動物がいたらいいでしょう？

・家ではオレが一番でないと
・反応が素直でわかりやすい動物がいい
・わが家の広い庭を一緒に駆け回るぞ！
・どこにでも連れて歩きたい
・溢れるほど愛情をそそぎたい

というあなたは、
ぜひ**犬**をどうぞ

鳴き声がうるさい
のは我慢できない

というあなたは、
ウサギをどうぞ

家の中を
汚されたくない

というあなたは、
鳥をどうぞ

そして……

・アパートは６畳１間
・昼間は家に誰もいないんだよね
・手がかかるのは無理
・ウザいのは面倒
・ま、別になんだっていいや

というあなた！
あなたには、力いっぱい猫を
おすすめいたします！

どうかこの本を読んでみてください。
猫こそは、あなたのような方にぴったりの、
そして、あなたを幸せにしてくれる動物なのです。

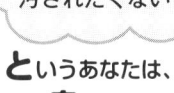

先ほど、**動物**があなたの**お悩み**を
解決してくれるかも、と**言**いましたよね？
じつはここに、**悩**みを抱えた**5人**の**相談者**がいらっしゃいます。

彼らのお悩みを解決してくれるもの、
そう、それは猫なんです！

5人から**77**もの相談が寄せられました。
その答えは、すべて同じです。
どの質問の回答も
「猫と暮らしてみましょう」なのです。

猫と暮らすと、悩みが解決されて幸せになる。

それはなぜなのか？
これからそれぞれの相談ごとに、詳しく解説していきます。

それではまず、5人のプロフィールをのぞいてみましょう。

キミヨさん

女性　64 歳

数年前に夫を亡くして、自宅でひとり暮らし。子どもはいない。庭いじりと読書が趣味。最近、病気がちに。車で 30 分くらいのところに弟夫婦が住む。

カズオさん

男性　46 歳

自動車部品メーカーの課長。妻と中学生の娘がいるが、あまり関係は良好ではない。新幹線で毎年正月に帰省する実家には、兄夫婦と母が住む。

ナオコさん

女性　39 歳

シール工場でパートで働く主婦。夫は建設会社に勤務。小学 4 年生と幼稚園児の 2 人の息子がいる。最近、マイホームを購入して引っ越したばかり。

ダイキさん

男性　22 歳

大学を卒業し、IT 関連会社に就職したところ。就職を期に親元を離れ、アパートでひとり暮らし。仕事に慣れるのに精いっぱいで、毎日クタクタ。

エミさん

女性　31 歳

小さなイベント会社に勤務。社内では中堅となり、責任も増してやりがいを感じている。恋人と結婚も考えているが、なかなか踏み出せない。

さてさて、みなさんの相談ごととは…？

目次

Part 1 人間関係のお悩み解決！

Part 2 医療・福祉のお悩み解決！

Part 3 生活のお悩み解決！

Part 4 動物飼育のお悩み解決！

Part 5 ココロのお悩み解決！

Manual

猫暮らしマニュアル

Part 1

人間関係のお悩み解決！

01 人とのつきあい方を学べる

Q 人づきあいがヘタでいつも苦労します。職場でうまくやっていきたいんですが…。

同僚を猫だと思ってみましょう。猫という動物は、超がつく個人（猫？）主義です。人間と暮らしていても、犬のように人間の顔色をうかがったり、人間に媚びたりすることはありません。イヤなものはイヤ。やりたいことはやりたい。人がダメと言おうが怒ろうが、知ったこっちゃないぜ、という自分勝手な生きものなのです。

　どれほど命令しても言うことをきかない猫と暮らしていると、人は一種の「諦めの境地」に達します。自分の価値観や都合を強制するのをやめ、猫というのはそういうものだ、とありのままの相手を受け入れるようになります。つまり、相手の意志や個性を尊重するようになるのです。

　さらに、物言えぬ猫と接するうち、人は自然に猫の立場に立って物事を考えるようになります。「なんで今、猫は怒ったんだろう。無理やり抱っこしたからかな」「今日は寒いから、寝床に湯たんぽをいれておいてやろう」という具合に。

　自分の意見を押しつけず、相手の意志を尊重する。相手の状況を考慮し、言われなくてもその人のためになることを考えて行動する。これは人と人との関係を円滑にするための基本的な心得でもあります。猫と暮らしているだけで、あなたは人間関係の極意を身につけることができるのです。

18:30
やめてって言ってるのに……

02

友だちが増える

Q 年を重ねるごとに、交際範囲が狭くなります。この年で新しい友達なんてできるかしら？

「この人、猫と暮らしているんだ」。そう悟った瞬間、猫好き同士はもう友だちになっています。年齢とか性別とか職業とかそんなものは関係ありません。「猫」という共通項があれば、それだけで固い絆が結ばれてしまうのです。相手は話したい猫ネタがいくらでもあります。見せたい愛猫写真も山のようにあります。だからあなたと何時間でも語りあかせるはずです。「今度うちのルルちゃんに会いに来て」そのひと言さえあれば、互いの家を訪問する仲にだってなれるでしょう。

さらに言えば、猫好きの人は犬好きの人とも仲よくなれます。動物好きに種の垣根はないのです！

03 初対面の人とも話題に事欠かない

Q 取引先の担当者が変わりました。すぐに打ち解けられる方法はありませんか？

担当者と仲良くすることはビジネスマンの最大の使命ですよね。あなたなら普通、初対面の人と何の話をします？　天気の話なんて10秒で終わってしまいます。気軽な雑談に持っていきたいときはどうしましょう。政治の話？　話題のドラマの話？　でも、会ったばかりの人と突っ込んだ議論はできないし、「そのドラマ見てないんです」と言われたら会話終了です。

それよりも、愛猫の笑えるネタをいくつか仕込んでおきましょう。猫の携帯ストラップでも前振りにして、「○○さんは猫、お好きですか？　じつは私、猫を飼っていましてね。名前はマロンというんですが、こいつがとんでもない猫で〜」なんて話をしてみます。相手も猫好きなら、絶対話に食いついてくるはず。そして「マロンちゃんの写真ないの？」「いや、私の知ってる猫も○○でね」と話がどんどん膨らんでいくこと間違いなしです。

万が一、相手が猫嫌いでも大丈夫。「私は猫がニガテで…」ときたら、「嫌な思い出でも？」「○○さんは犬派ですか？」と受けて相手の話を引き出せば、ちゃんと会話を続けられます。猫の笑い話は、相手を否定したり傷つけたりすることがないので、安心して雑談のネタに使えるうえ、うまく当たればヒットも飛ばせる大きな武器なのです。

04

ご近所づきあいがうまくいく

Q

憧れのマイホームを手に入れました。ご近所の方と早く仲よくなりたいんだけど…。

家に赤ちゃんがいると、近所の方とすぐに打ち解けられるものです。なぜなら、赤ちゃんをベビーカーに乗せて家を出入りしていれば、それを見かけた子育て経験のあるおじさん・おばさんは、必ず「かわいいいね。今、何カ月?」と声をかけずにはいられないからです。

それと同じことが、猫を連れているあなたにも起こります。動物好きが「あら、猫ちゃん！」と、向こうから声をかけてくれるのです。赤ん坊より猫のほうが都合がいい点もあります。子どもの場合、中学、高校と進むにつれ、「あの子は家がお金持ちだから私立中学に行ったのよ」「あの子は頭がいいから難関高校に入ったわ」と、ときに周りの嫉妬心をかきたてることがあります。でも、猫にはそれがありません。何年たっても「お隣のかわいいミイちゃん」でしかないのです。

こういう効果を狙うなら、外に抱いて連れていけるような社会性のある猫に育てなければなりません。そのためには、子猫のころからのしつけが大切。逃げないようにハーネス（胴輪）をつけて抱っこし、一緒に近所を散歩して、車の音や犬のほえ声などに慣らしておきます。また、屋外での排泄や発情時の大きな鳴き声は近所迷惑になるので、排泄のしつけ、不妊・去勢手術も必要です。

05 嫌いな人とも仲よくなれる

Q 職場に、「あいつだけは我慢ならん！」という上司がいます。キレない方法は？

もしですよ。その上司があなたの大好きなものを同じように大好きだったらどうでしょう？　たとえば、あなたの好きなサッカーチームの熱狂的ファンだったとしたら。ネチネチしたイヤミも、面倒な仕事を押しつけてくる強引さも、なんとなく許せる気がしませんか？　だって、同じファンですもの！　仲間ですもの！

こういう連帯感は、互いが対象を熱愛するほど強く醸成されます。顔も見たくないほど嫌いな相手と猫の話なら盛り上がれる、そういう猫好きは実際に存在します。猫はサッカーよりもファンが多い。試しに一度、上司に話題を振ってみましょう。

06

外国人と上手につきあえるようになる

Q

今度うちの部署にやってくる部長はアメリカ人。どうおつき合いしたらいいでしょうか?

犬は日本人、猫は欧米人に似ていると言われます。上下の力関係がはっきりした縦社会という点で、確かに日本社会は犬の集団にそっくり。そんな日本人は、上の顔色をうかがったり周りの空気を読もうとしがちで、自分だけ突出したり、嫌なことを拒否するのが苦手です。

しかし、個人主義で、自己を確立し、相手と対等な関係を築こうとする欧米人は、言いたいことははっきり言うし、嫌なことはためらわずに「NO!」と言います。親切でフレンドリーではありますが、必要以上にベタベタはしません。

猫も同じ。自分の欲求に忠実で誰にも従属しない猫は、個人を尊重する欧米人型。だから日本人の会社人間は、猫と暮らすと欧米人とつきあうコツがわかります。たとえば、いきなりなれなれしく猫を抱こうとする人は、猫に嫌われます。心を許すまでは、猫が安全と感じる距離をおくべきなのです。集団を作って「みんな仲よく」が好きな日本人は、他者との心の距離の取り方がヘタ。欧米人型の猫にコツを教えてもらいましょう。

英語ができれば欧米人とうまくやっていける、というのは間違いです。彼らの育った背景にある文化や考え方の違いといった本質を理解しなければ、本当の意味でわかりあうことはできません。

07 ケンカの仲裁をしてくれる

Q つまらないことで夫婦喧嘩をしてしまいます。しかも、なかなか仲直りができません。

夫婦でののしり合っている場面に、猫が現れたらどうでしょう？　猫はケンカには我関せずで、床に落ちていた輪ゴムに噛みつきます。すると「いやだ！　ミミったら、輪ゴム食べちゃダメよ！」となって、もうケンカどころではありません。猫は人間のしていることにはお構いなしに、自分のしたいことをします。それが興奮していた人をふと我に返らせ、冷静さを取り戻すきっかけを与えるのです。いっそのこと、夫婦ゲンカ予防に「家族が大声をだしたら猫にごほうびをあげる」ことを繰り返し、ケンカしたら駆けつけてくれる猫にしつけてみるのもいいかも。

08

新しい出会いがある

Q

**彼女いない歴3年です。
会社も男ばかりで出会いがないんだよなぁ。**

あなたが出会いを求め、公園のベンチに座って本を読んでいるとします。通り過ぎる人の中に、あなたに声をかける人がいるでしょうか？　まず、いないですよね。次に、あなたが公園のベンチで音楽をガンガンにかけて座っているとします。「うるさい！」と怒鳴る人は何人かいても、「その音楽好きなの？　私も好きなのよ」と声をかけてくる人はいるでしょうか？

では、あなたの足元に、ちょこんと猫が座っていたらどうでしょう？　多少の物音にはビクビクしない、なでられても嫌がらない、人間によく慣れた落ち着いた猫です。この場合、あなたはいろいろな人にたくさん声をかけてもらえるはずです。「この猫かわいいですね」「名前はなんていうの？」。猫は他人との会話のきっかけになってくれます。もちろん、相手が異性の場合でも…。

カリフォルニア大学デイビス校獣医学部のハート博士によると「何も持たない」「本を持つ」「ラジカセを持つ」「動物をともなう」の4つの場合を比べると、公園のベンチに座っていて最も多く他人から話しかけられるのは、動物をともなう場合だそうです。足元に座っているのは犬でもいいのです。でも、見た目がかわいく、あまり人間と外出しない猫の方がより目を引くと言えます。

これで
アナタも
猫ハカセ

第1回

ネコドリル

知ってます？　猫に関するあんなことこんなこと。
クイズを解きながら猫知識度をアップしよう！

問題1

配点 5点

猫に対するイメージは、時代や国によって違います。では、古代エジプトでは、猫はどのように扱われていたでしょうか？

A 魔女の使いだと思われ、人々に恐れられた

B 人間に使役される動物として、酷使された

C 神の化身とされ、神聖な動物としてあがめられた

問題2

配点 5点

猫は単独で狩りをする動物です。同じネコ科でありながら、猫とはまったく違う方法で狩りをする動物は？

A トラ

B ジャガー

C ライオン

答えは次のページ

問題3

配点 5点

日本の猫の食事といえば、ご飯にかつおぶしをかけた「ねこまんま」。では、猫が本当に喜ぶ食事は、どれでしょう？

A 高級魚のマグロ

B 高タンパクな鳥肉

C 甘くておいしいパン

ネコドリル 第1回 答え合わせ

問題1の答え

C 神の化身とされ、神聖な動物としてあがめられた

古代エジプトでは猫を極端に崇拝していました。猫の姿をした女神がいたほどです。多くの人が猫を飼い、猫が死ねば喪に服すし、ミイラにする人も珍しくなかったとか。猫を殺すと死刑にまでされました。

●得点 □点

問題2の答え

C ライオン

猫の狩りは、獲物の通り道で待ち伏せし、獲物に忍び寄ってさっと飛びかかるスタイル。ジャガーとトラも基本的には単独で、飛びかかりスタイルの狩りをします。ライオンは群れを作り、仲間と協力して狩りをします。

●得点 □点

問題3の答え

B 高タンパクな鳥肉

猫は魚好き、は誤解です。猫は魚のいない砂漠地帯で、小動物や小鳥を獲って生きてきました。日本では長く肉食が一般的でなく、猫が人から失敬する「獲物」も、人が猫に与えるものも、魚しかなかっただけなのです。

●得点 □点

第1回 あなたの合計得点 □点

Part 2

医療・福祉のお悩み解決！

09 ストレスを軽減する

Q 

仕事でミスが続いて上司からお小言…。彼氏とも最近うまくいかなくてイライラ！

大脳がストレスを感じると、その刺激は副腎髄質に伝わり、アドレナリンというわゆるストレスホルモンが分泌されます。アドレナリンは心拍数や血圧を上げ、体をストレスの元と戦う態勢へと導きます。それでも効果がないと、今度は副腎皮質からコルチゾールなどの副腎皮質ホルモンが分泌され、なおも血圧や血糖レベルを上げてストレスに対処しようとします。しかし、こうした体の緊張状態が長く続くと、血液を送り出す心臓をはじめとした生体機能に負担がかかり、エネルギーを消耗して免疫力も低下します。

では、家に猫がいればどうなるでしょう？　柔らかくて暖かい生きもの、つまり動物は、側にいるだけで人の心を癒す存在です。1日中イライラしても、家に帰ってすぐに猫をぎゅっと抱きしめると、それだけでストレスのいくらかは軽減されます。さらに、猫の愛らしいふるまいで笑顔になれば、上司のお小言へのムカつきなどすぐに消えてしまうはずです。しかし、そうした存在が側にいないと、ストレスは日々蓄積されていきます。すると、無理して活性化させた体もやがて頑張りきれなくなり、めまい、動悸、下痢、便秘などの体の不調を起こし、ひいては胃潰瘍、狭心症などの重大な病気につながることにもなりかねません。

10 心拍数・血圧が下がる

Q 会社の健康診断で血圧や心拍数を測定したら「問題あり」と判定されてしまいました…。

左のグラフは、水槽の熱帯魚を見つめていると血圧が下がるという実験結果です（グラフ①）。さらに、高血圧の患者に降圧剤を投与した場合、動物と一緒に暮らしているほうが血圧も心拍数も下がりやすい、という実験データも出ています（グラフ②、③）。グラフ①のデータは熱帯魚を使って測定していますが、動物一般について、もちろん猫であっても同様の効果があると考えられます。

グラフ① 〈血圧〉

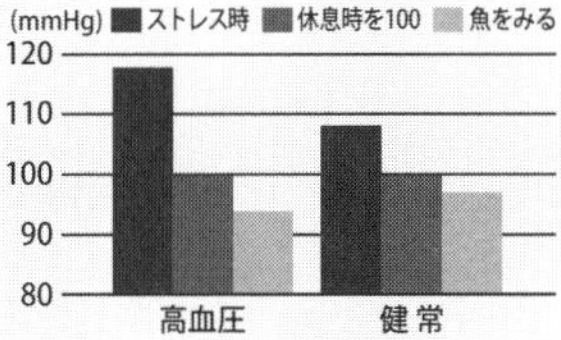

Katcher AH et al.In Katcher AH,Beck AM eds.New perspectives on lives with animal companions, PP·351-359,Univ. of Penn Press, Philadelphia,1983.

グラフ② 〈血圧〉

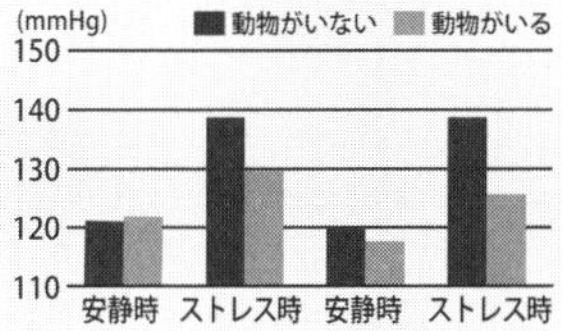

Allen K et al. Hypertension,38,815-820,2001.

グラフ③ 〈心拍数〉

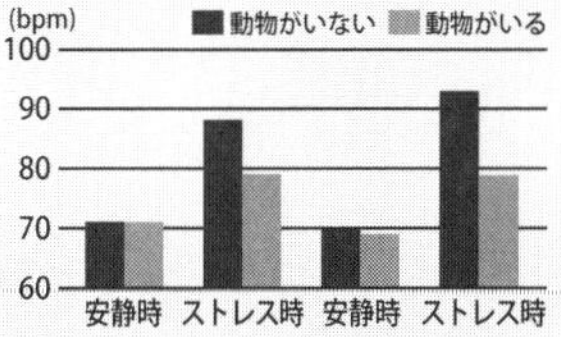

Allen K et al. Hypertension,38,815-820,2001.

※グラフ②、③は、高血圧患者に安静状態からストレスをかけて、また安静状態に戻す、と繰り返して、再現性をみています。

高齢者の孤独を癒す

Q ひとり暮らしで、1日中誰とも会話しません。寂しくてたまらないです…。

最近ではペットを「伴侶動物」と呼びますが、身寄りがないとか家族が側にいないといった理由でひとり暮らしをしている高齢者にとって、猫はぴったりの伴侶であり友人です。

もちろん、犬であってもいいのです。でも、犬は猫よりも活動的であり、散歩など世話にも手間がかかります。足腰が丈夫なうちはいいのですが、体が衰えてくるとそれが苦痛になることも。また、食事や散歩を催促してワンワンほえられると心拍数が上がり、かえって体の負担になる場合もあります。高齢者には、手がかからず程よい距離で寄り添う猫のほうがふさわしいといえます。

12 病気の知識が増える

Q 実家の父が腎不全になり、入院。これってたいした病気じゃないですよね？

飼い猫の寿命は15年前後。10年も暮らしていれば、幼児期から老年期まで、そのライフステージ（生活段階）のすべてを目にすることができます。その間、猫もさまざまな体の不調や病気を経験します。そのとき、家族は真剣にその病気について勉強するでしょう。動物でも人間でも、病気の予防法や症状はそう大きく変わりません。猫の病気を知れば、自然と人間の健康管理や病気に関する知識も増えていくのです。猫が老齢期にかかりやすい尿路疾患、便秘、関節症などの知識は、高齢者にも参考になります。腎不全が重大な病気だということもわかるはずです。

13 高齢者の食欲が増す

Q いつもひとりで食事するせいかあまり食べたいという気がおきません。

アルツハイマー病の高齢者は、健康な高齢者に比べて食欲が低下し、体重も減少しがちであることが知られています。理由のない急激な体重減少はアルツハイマー病の兆候だという説もあるほどです。食欲低下や急な体重の減少は高齢者の衰弱につながる危険性もあります。

２００２年の海外での実験データによると、62人のアルツハイマー病の高齢者に、４カ月間毎日水槽の熱帯魚を見てもらった結果、そのうちの54人（87％）が食事の摂取量が増え、体重も増加したそうです。接する対象が熱帯魚でなく、猫であっても、同様の効果があると考えられます。

14

ゴロゴロという声でリラックスできる

Q 慣れない会社生活で1日気を張っているせいか、体は疲れているのに夜よく眠れないんです。

猫は満足すると喉をゴロゴロ鳴らします。じつはこの猫のゴロゴロは、動物にも人間にも共通の、相手を安心させる周波数の音なのです。私はあなたと争いを起こす気はないですよ、危害を加えるつもりはないですよ、という意味をもつ波長です。このため、人は猫のゴロゴロを聞くと心がとてもリラックスします。

それだけではありません。このゴロゴロという音は、子猫が母親に対して発する音でもあります。いわば母猫に甘える声でもあるのです。つまり、猫のゴロゴロは「あなたと一緒にいられてうれしい」という猫の気持ちを表現する音なのです。

15

高齢者の健康増進につながる

Q とくにやることがない日は、ぼうっとテレビを見続けてしまいます。

介護を受けている高齢者が、猫の食事の世話だけは自分でしたがる、というケースがあります。「この子の面倒は私が！」という愛情と責任感からくる行為なのでしょう。

下のグラフを見てください。ひとり暮らしの高齢者がセキセイインコを飼うと、心理的身体的健康状態がよくなるというデータです。植物（ベゴニア）を栽培するよりも鳥を飼う方が、心身の状態がよくなる人の割合は高いのです。人間の愛情に反応を返す動物は、「この子の役に立ちたい」という気持ちをかき立て、それが高齢者の生きる気力となって健康へと繋がるのではないでしょうか。

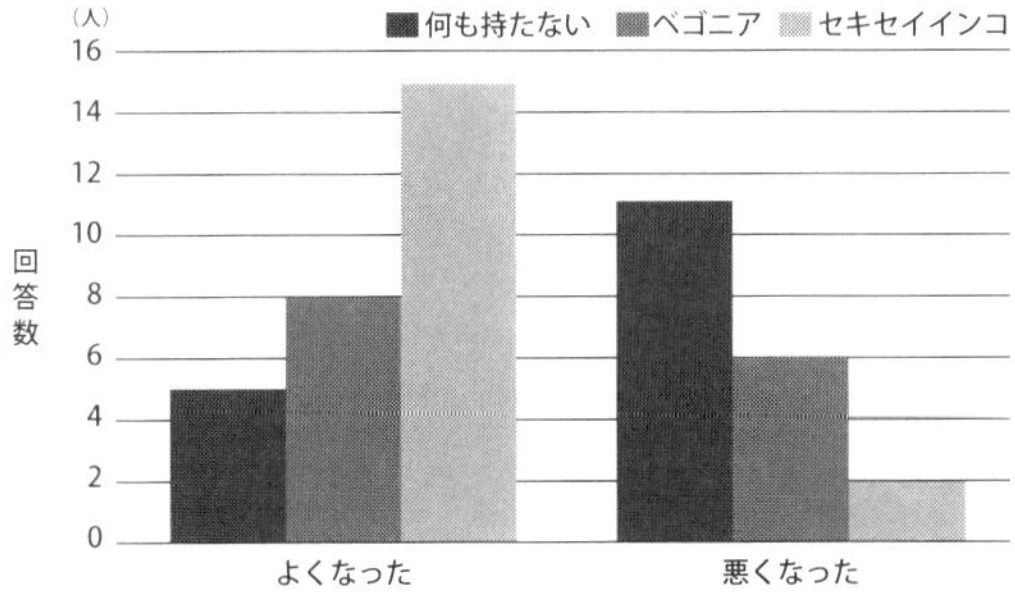

Mugford R,M'ComiskyJG.!nAnderson RS ed. Pet,animals and society. pp.54-65, BailliereTindall,London,1975.

16

認知症の症状が軽減される

Q 地元で暮らす母に認知症の症状が出てきました。何かできることはないでしょうか？

下のグラフは犬を使っての研究結果ですが、アルツハイマー病患者に犬と触れあう機会を設けると、その行動が改善されるというデータがあります。これを見ると、限られた時間の触れあいであっても、患者が犬に触れたり話しかけたりする回数は増加しています。犬と同居していれば、そうした行動はさらに増えます。

動物を連れて老人福祉施設を訪問する活動でも、動物の存在が高齢者の心を開くことはよく知られています。もちろん、触れあうのは犬でもいいのですが、小さくて軽く、おとなしい猫は、膝に乗せることができるのでさらに効果的です。

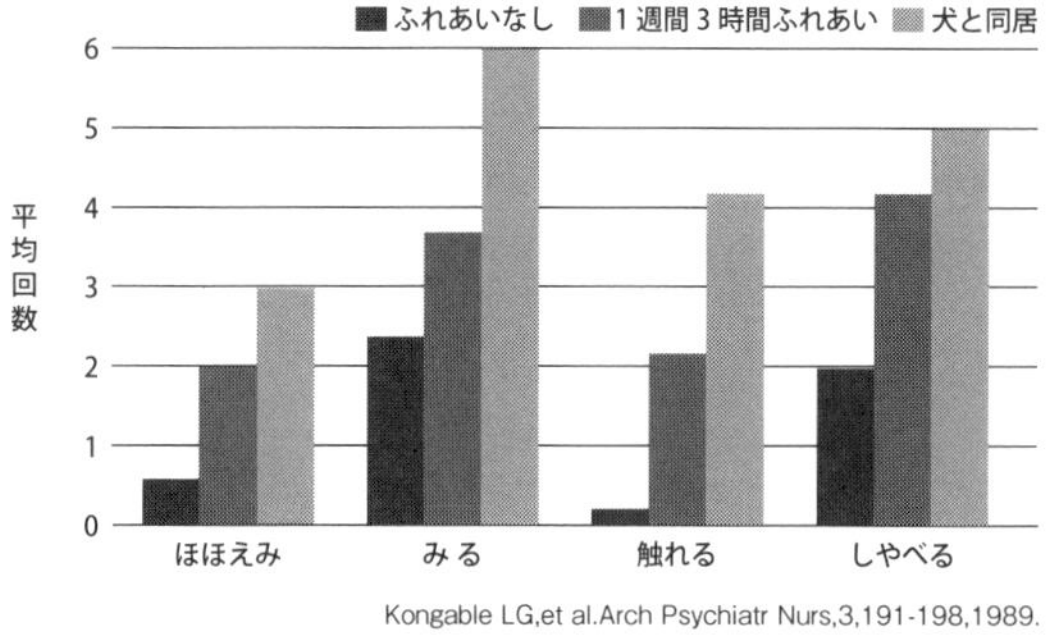

Kongable LG,et al.Arch Psychiatr Nurs,3,191-198,1989.

17 うつ病になりにくい

Q 仕事が忙しくてまったく休みが取れません。最近、いつも気分が憂鬱なんですが…。

厚生労働省の調査によると、うつ病などの気分障害の患者数は、平成23年度で95万8千人に達しています（宮城県の一部と福島県をのぞく）。うつ病はタイプによって対応方法が違い、家族の励ましやアドバイスがかえって患者を追い詰めることもあります。かといって、ひとりで放置すれば気持ちはどんどん落ち込むでしょう。下のグラフは、動物が側にいることで重度の抑うつ状態に陥るのを防ぐことができる、という研究結果です。気を使ったり使われたりする人間よりも、素のままの動物を相手にする方が、気持ちが楽。そういうこともあるのです。

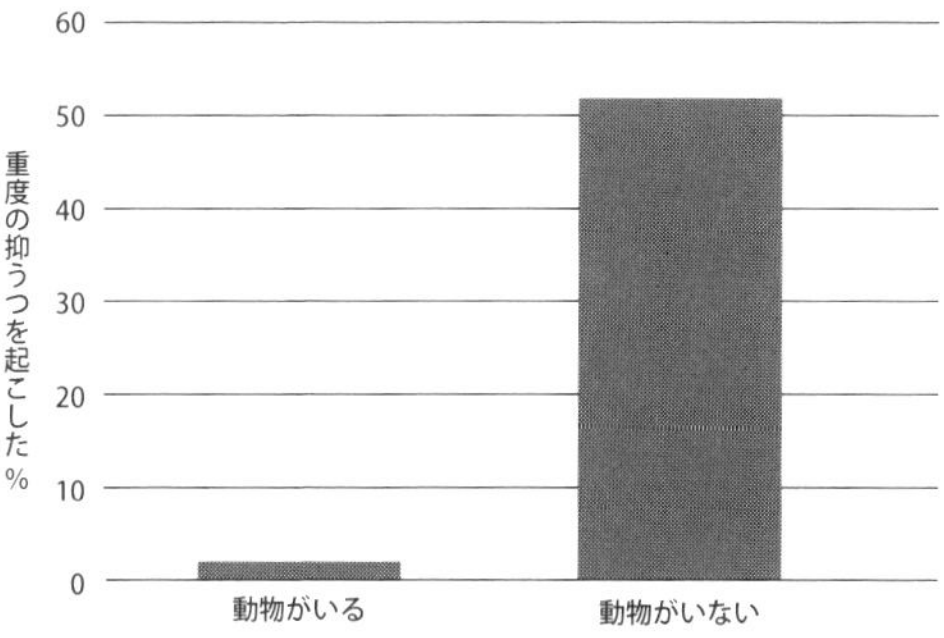

Gerrity TF, et al.Anthrozoos,3,35-44,1989,

18

病気になりにくい

Q 週に3日は病院通いをしています。長く待たされ、帰ってくるとヘトヘトです。

グラフ①を見てください。動物と一緒に暮らしている場合といない場合では、病気になる確率にこんなにも違いがあるんです。また、グラフ②は犬での調査ですが、家に犬がいる人といない人を比べた場合、犬がいる人のほうが病院に行く回数が少なくなっています。被験者があまりストレスを感じていない場合にはさほど大きな違いはありませんが、被験者が強いストレスにさらされている場合、その違いは顕著になります。このほか、配偶者をなくしたひとり暮らしの女性は、動物と一緒に暮らしていると病気になりにくい、という調査報告もあります。

どうしてこのような違いが出るのでしょうか？　人間が強いストレスを感じると、危機に対応するために脳や筋肉への血流量が増え、その分、免疫系に送るエネルギーは大幅に削減されます。免疫力の低下は病気と闘う力の低下ですから、風邪や胃腸炎などはもちろん、がん、心臓病、腎臓病などの重大な病気にかかっている人にとっても大きなマイナスになります。動物と暮らすことでストレスが低下すると（「09ストレスを軽減する」p24、「17うつ病になりにくい」p31など参照）、免疫力の低下を防ぐことができます。つまり、病気の感染や重症化を防ぐことができるのです。

グラフ①

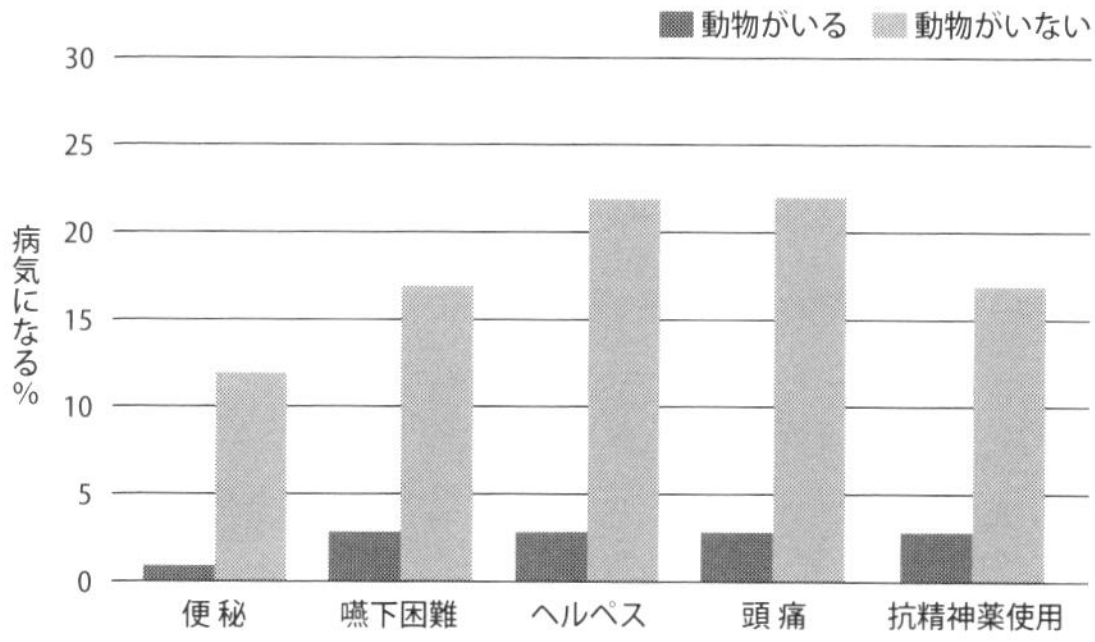

Akiyama H,et al.Omega,17,187-193,1986.

グラフ②

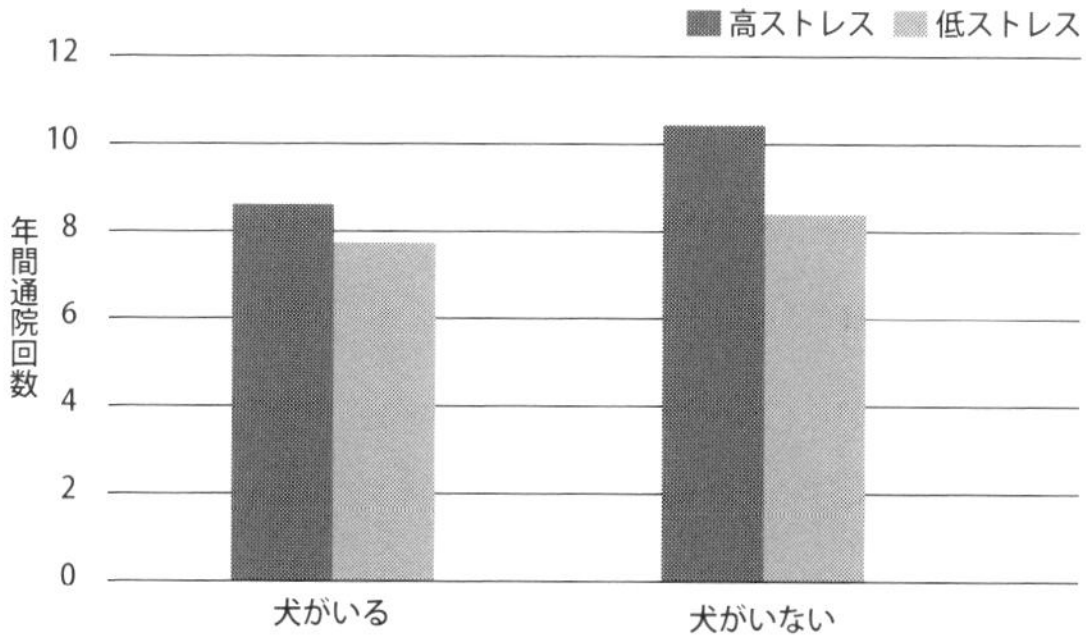

Siegel JM. J Pers Soc Psycol,58,1081-1086,1990.

19

幸せホルモンが分泌される

Q

うれしいこと、楽しいことが減った毎日。幸せだなあと感じてみたいのですが？

エンドルフィンという脳内の神経伝達物質は「脳内麻薬」とも言われ、高揚感や幸福感をもたらす作用があります。苦しい思いをしながら走るランナーがマラソン中に陶酔感を感じる「ランナーズ・ハイ」は、この物質によって引き起こされるのだとか。このエンドルフィンは、おいしいものを食べたときやほめられたとき、そして動物との触れあいでも分泌されます。しかもこの場合、人だけでなく、触れられる動物のほうもエンドルフィンの分泌量が増えていることに注目！ 人に触れてもらうことが好きな動物に育てると、人も動物も幸せになるのです。

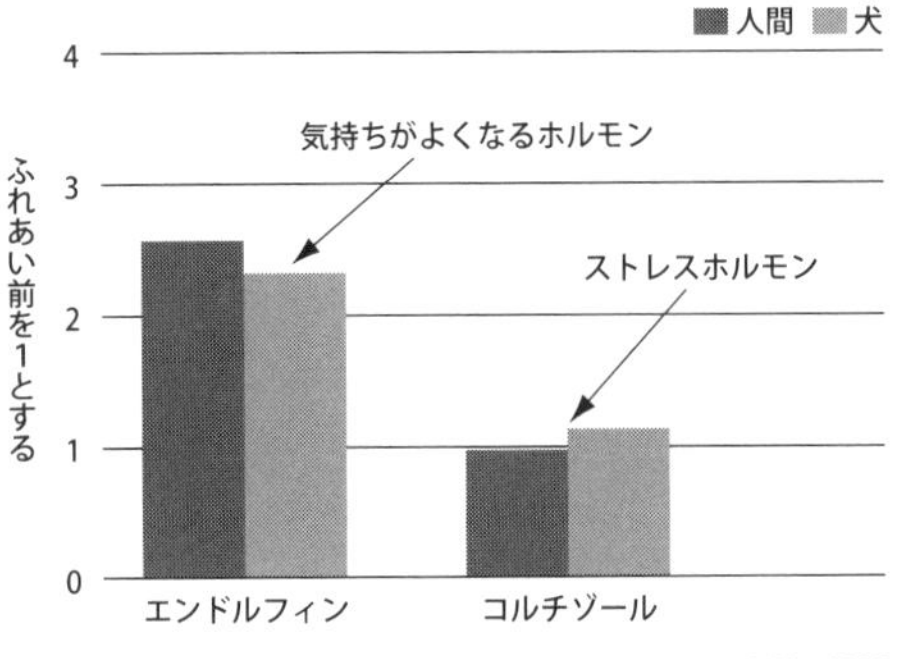

Odendaal JS, Meintjes RA.Vet J,65,296-301,2003.

これでアナタも猫ハカセ

第２回

ネコドリル

クイズで猫にまつわる雑学が学べるネコドリル。
どんどんいってみましょう！

問題1

配点 5点

「ねこ」という名前の由来にはいくつかの説があります。間違っているのはどれでしょう？

A 木の根の上で寝たから「根子」

B よく寝るから「寝子」

C ネズミ（子《ね》）を待ちかまえて獲る「子」だから「子子」

問題2

配点 15点

猫にも血液型があるってご存知でしたか？ では、人間にあって猫にはない血液型は？

A B

B O

C AB

問題3

配点 10点

夜や暗い場所で、猫の目が光るのを見たことはありますか？ この現象はなぜ起きるのでしょうか？

A 発光する細胞があるから

B 光を反射する細胞があるから

C 光を蓄える細胞があるから

答えは次のページ

ネコドリル 第2回 答え合わせ

問題1の答え

A 木の根の上で寝たから「根子」

「ねこ」という言葉には複数の由来があります。猫は1日10～20時間も寝るので「寝子」の説には説得力があります。ネズミとの関連性もうなずけます。ただ、猫は高い場所、柔らかい場所で寝るのが好きなので、Aは×。

●得点 □点

問題2の答え

B ○

猫の血液型は3つあり、便宜上A、B、ABとよばれます。でも、これは人間のABO式の血液型分類とは関係ありません。日本に住んでいる猫の場合、A型が全体の90％以上を占め、B型とAB型はごくわずかです。

●得点 □点

問題3の答え

B 光を反射する細胞があるから

猫の網膜の奥には人間にはないタペタムという反射細胞の層があり、これが網膜を通り過ぎた光を反射させ、ふたたび網膜に光を感じさせます。このため猫は夜でも目が効き、反射光で目が光って見えるのです。

●得点 □点

第2回 あなたの合計得点 □点

答えは

Part 3
生活のお悩み解決！

20

ひとり暮らしの人の家族になれる

Q 実家を離れて、初めてのひとり暮らし。ひとりって気楽だけど味気ないなあ。

ひとりの生活は気ままで開放的。ですが、家に帰っても誰も迎えてくれないし、食事もひとり、寝るのもひとり、会話の替わりにテレビにツッコミを入れる…という毎日は味気ないものです。かといって誰かと同居するのは面倒だし、親兄弟にずっとベタベタされても困ります。そんなときにぴったりなのが、猫。さほど世話に手がかからないうえ、室内だけで飼えばいつも家にいて迎えてくれるし、うっとうしくない距離をとりつつ気が向けば適度に甘えてもくれます。猫の鳴き声などの意味を知っておけば（p135参照）かなりのコミュニケーションも可能です。

21 子育ての練習ができる

Q ママになった友人を見ると子育てって大変そう。私にできるかな？

子育て経験者からよく耳にしませんか？「ひとりめの子のときは大変だったけど、ふたりめからはラクになった」という話。だったら、「ひとりめ」を子猫で体験してみましょうよ。子猫の育児体験のよい点は1年で大人になること。人間なら20年かかる成長プロセスを、1年に凝縮して経験できるのです。子猫は甘えん坊だし、トイレなどのしつけもあって意外に手がかかります。好奇心旺盛なのでイタズラも頻繁です。でも、あなたは本気でキレたりできません。だって、子猫は何をしても許せるほど愛らしいんですもの！「育児」って、大変だけどすっごく楽しいですよ。

22 一緒に遊んでくれる

Q 中学生の娘は私とろくに口もききません。たまには一緒に遊びたい。

猫もおもちゃを投げると取ってくる遊びが好きです。それから、棒の先に細いヒモをつけ、ヒモをヘビのようにくねらせたり、物陰から出したり引っ込めたりすると、喜んで飛びかかってきます。レーザーポインターを使えばさらに簡単。自分は寝転がったまま、周囲の壁や床に光をあて、細かく振ったり急激に移動させたりすれば、猫は狂喜して光を追いかけます。ただし、猫の目に直接光があたらないように、くれぐれも気をつけてください。猫は疲れてくると、コテンと横になって、チョイチョイと前足だけでおもちゃをつついたりします。それもまたかわいい！

23

一緒にいると暖かい

Q 年を取ると体が冷えるんですよ。冬はお風呂に入ってもすぐ足が冷たくなります。

猫を抱っこすると暖かいと感じます。それは、健康な猫の体温は38～39度で、人間の体温よりも2度ほど高いからなんです。そのため、猫を膝に乗せているとほんのり暖かくていい気持ち…。長く乗せると重いですけどね。

冬の寒い夜などは、猫に布団の中に入ってもらうといい。足先にいてくれるとベストなんですが、甘えん坊の猫は人間の顔の近くに寝たがるもの。無理強いすると出ていってしまうので、位置を移動させたいときは寝ついた後にそっとね。布団の上に乗ってくる猫もいますが、胸の上に乗られると拷問のようになるので、無理せずギブアップを。

24

命の大切さを学べる

Q 子どもに命の尊さを教えたいのですが、いい方法はありませんか？

小学生になっても「電池を入れ替えたら死んだ昆虫は生き返る」「人間は死んでも生き返る」と思っている子どもが少なからずいるようです。愛する動物の死は、死とはどういうものかを教える最高の機会になります。子どもが物心がつく年齢になっていたら、愛猫の死は隠さず、すべてを見せましょう。そうして子どもと一緒に泣き、子どもと一緒に亡骸を葬ります。親が何も言わなくても、命はリセットできないこと、命が失われたらこんなに悲しいのだということを、子どもは肌身に染みて感じます。その経験を経た子どもは、決して命を粗末には扱いません。

25

やさしい男の子に育つ

Q

うちの息子たちは年下の子に横暴。思いやりのあるやさしい男に育てるには？

小さい子にいばって乱暴したりする息子さんたちにがっかりするのはわかります。でも、それって仕方がない部分もあるんですよ。

たとえば、女性は幼少期から大人になるまで、赤ちゃんをかわいいと思う気持ちを持ち続けます。多くの女性が生まれたばかりのわが子にたちまち夢中になるのはこのためです。しかし、男性の場合、赤ちゃんをかわいいと感じる気持ちは早期に失われてしまいます。個人差はありますが、その時期は10歳前後だそうです。それ以降、男性は女性ほど赤ちゃんに興味を抱かなくなるのです。

ここで面白いのは、そんな男性も、動物に対する興味と気配りはいつまでも失わない、ということです。つまり、猫などの動物が身近にいれば、男性も小さいもの、弱いものを「かわいい」と感じる感性を失わず、それらを慈しみ、大事に育てようとする気持ちを保ち続けていくわけです。

そのようにして成長した男の子は、弱肉強食をよしとする、闘争本能むき出しの男にはなりません。育児を妻だけに押しつけて遊びに行く夫にもなりません。弱いものを庇護し、弱いものの立場に立つ、思いやりのある人間になるはずです。他者を慈しむ心をすべての男性が手にしたら…戦争なんかなくなる、かもしれませんよね。

26 痛みを知る子になる

Q 

兄弟ゲンカが絶えません。弟は兄を本気で叩くので困っています。

好き勝手に生きているようで、猫は意外に相手を見ます。大人がしつこくかまうと「やめてよ！」とばかりに引っ掻いてくる猫も、相手が子どもだと手加減して、爪を立てない猫パンチで済ませたりします。でも、そこで限度をわきまえず、なおもしつこくすると、今度は子どもであろうと引っ掻いてきます。そんなとき、親は決して「悪い猫ね」などと言ってはいけません。「リリはいつもは何もしないでしょ？　自分が何をしたから引っ掻かれたのか考えてごらん」と言ってあげてください。ここまでやったら相手は嫌がる、自分も痛い目に合う。それを学ぶ絶好の機会です。

27 家族を失った人の支えになる

Q 

弟の妻が亡くなりました。弟は張り合いをなくして家にこもりきりです。

家族を亡くすのはとてもつらい経験です。たとえば、夫婦ふたりで暮らしていた高齢者が、配偶者を亡くしてひとりになってしまったとき、その空虚感はたとえようもないでしょう。また、子どもを亡くした親の悲しさ、さびしさは、筆舌に尽くしがたいものがあります。周りの励ましさえも苦痛に感じることがあるものです。

無理にとは、もちろん言いません。でも、よかったら、猫を家に迎えてみませんか？　気をまぎらわせてくれる子猫でもいいし、あなたの隣に静かに寄り添う大人の猫でもいい。ひとりではない。そう思うだけで、心が少し、温かくなりますよ。

28 ふるまいが上品になる

Q 最近、自分がオヤジ化しているようです。品のある大人の女性になりたいのですが…。

猫は聴覚が敏感です。人が音としてとらえられる周波数は20～15000ヘルツ程度ですが、猫のそれは60～65000ヘルツもあります。音の聞こえる範囲は犬よりも広いのです。それは、猫がネズミなどのげっ歯類が出す超音波をとらえて狩りをするからなのでしょう。

耳がよすぎる猫は、うるさい音が苦手。掃除機の音や人間のクシャミも嫌がります。大声で怒鳴ったり室内をドタドタ走りまわるなんて論外です。猫に嫌われたくなかったら、おしとやかに。さらに、猫の滑らかで優雅なしぐさをマネしてみれば、品のあるレディになれること請け合いです。

29

本を読むようになる

Q スマホをいじっているほうが楽しくて読書をしなくなりました。マズイでしょうか?

読書とは、「しなければ」と思って無理やりするものではありません。仕事上の必要にかられてするのも「読書」ではありません。あくまで自発的に、自分が読みたいものを選ばなくては、本当の意味で本を楽しむことはできないのです。何を読んだらいいかわからないなら、何かひとつテーマを決めて本を選んでみて。たとえば、猫。猫が登場する書物は、古今東西、数え切れないほどあります。エッセー、小説、写真集、そしてマンガ。いずれも名作が山ほどあります。笑えるもの、泣けるもの、号泣するもの、より取りみどりです。猫の本を読んでみましょう。

30 写真のウデが上がる

Q 子どもってじっとしていないから、写真を撮るのが難しいです。

子どもは動きが激しいうえ、こちらの思う通りにふるまってくれないので、なかなかいい写真が撮れないものです。そこで、同じようによく動く猫を練習台に。最近のデジカメにはペットモードや連写モードがあるので、まずはそれらを選択します。コツは目にピントを合わせること。そして、たくさん撮ること。デジカメは撮った画像を消去できます。どんどん撮ってどこがいけなかったかを反省し、改良を加えていくと、写真が格段にうまくなります。猫を上手に撮れるようになれば、人間の子どもは楽勝！　ちなみに、猫の目線がほしいときは、音で気を引くと◎。

31 帰宅が早くなる

Q 家に帰ってもすることがなく、私の居場所もないので、帰宅恐怖症ぎみです。

あなたが帰宅したとき、あなたの家族は「おかえり」と玄関まで迎えに来てくれるでしょうか？　新婚さんや幼い子どもがいる家を別にすれば、そんな家庭はごく少数派でしょう。では、家に猫がいたらどうか？　猫は必ずあなたの帰宅を歓迎してくれます。あなたの帰りがどんなに遅くなっても、玄関で出迎えてくれます。午前様でも文句など言わず、かわいい声で「にゃあ」と鳴き、あなたの脚に小さな頭をぐりぐりとすりつけてくるのです。一度そういう習慣がつけば、猫の「お迎え」は何年たっても変わりません。ほら、家に飛んで帰りたくなりませんか？

キレイ好きになる

Q 主婦歴10年ですが、掃除が苦手です。家の中をキレイに保ちたいのですが？

家事に得意不得意はあるものですが、やはり家の中が汚いよりは、きれいなほうがいいですよね。猫を飼い始めると、どうしても掃除が必要になります。それは、抜け毛が落ちるから。とくに、春〜夏は毛が生え変わる時期なので、抜け毛の塊が床やソファの隅をふわふわと漂うようになります。多くの人は粘着クリーナー、通称「コロコロ」を転がしてこの抜け毛を取り除くことになります。面倒くさがり屋さんでも、これだけはやらずにいられません。だって、猫の毛が服にべったりついていたら、外出もできないでしょう？　お陰で家の中もキレイになるのです。

33 コレクターになれる

Q 趣味と言えるものがありません。何か夢中になれるものが欲しいのですが？

猫が好きな人は持ち物を見ればわかります。とにかく、猫の絵が書いてあるものをいっぱい持っているんです。自宅を訪問すると、もっとわかりやすい。猫柄のマグカップ、ティッシュカバー、スリッパ…とにかく家の中が猫、猫、猫です！　別に猫柄で揃えているわけではありません。猫の絵がついているものを見ると、自然と欲しくなるのです。買わずにはいられなくなるのです。気づいたときには、あなたも立派な猫グッズマニア。でも、ひとつご注意を。本物の猫を集めるコレクターになるのは厳禁です。過剰な多頭飼いは猫にとって幸福ではありません。

34 街歩きが楽しくなる

Q 自宅と会社を往復するばかりで、家の近所をよく知らないのですが。

自分の住んでいる地域のことに詳しくなるには、散歩をするのがいちばん。小さな路地、静かな裏道にこそ意外な発見が潜んでいるものです。目的もなくただ歩くのはつまらないって？　では、猫を探しながら歩いてみるのはいかがでしょう。猫と暮らしてみると、猫がどんなところに隠れているかわかるようになります。車の下、塀の上、日当たりのいい草むら。そんなところを覗きながら歩いて、運よく猫に出会えたら、すごくうれしい！　声をかけて寄ってきてくれたら、もっとうれしい！　看板猫のいるお店なんか見つけたら、もう常連になるしかありません。

35

グチを聞いてもらえる

Q 仕事でムカつくことがあっても部下も家族も話をきいてくれません。

たいていの不満は、本人がしゃべりたいだけしゃべってうっぷんを吐き出せば、すっきりして気持ちが収まるものです。このとき、グチを言う人は他人の意見は求めていません。反対に、正論をふりかざして反論されると、ますますストレスが高じてしまいます。求めているのは「黙って話を聞いてくれる相手」。猫ほどこれにぴったりな存在はありません。グチを言いたくなったら猫に聞いてもらいましょう。猫は素知らぬ顔で身づくろいをするだけですが、満足するまであなたにしゃべらせてくれます。おかげで「もういいや」という気持ちになるはずです。

36 老いや死を学べる

Q もうすぐ70歳になる両親を見て、老いや死を意識するようになりました。

猫の寿命は個体差が大きいのですが、長くて20年前後でしょう。猫も高齢になると動きが鈍くなる、寝てばかりいるなど老化の兆候が出てきます。体の機能が衰えて病気がちにもなります。でも、猫は決して不満を言わないし、苦痛もじっと我慢します。毎日をあるがままに受けとめて、ただ生きようとするのです。それでもいつか、愛猫の死のときはやってきます。ペットロスサポートが充実していない日本で、その悲しみを乗り越えるために有効なのが「お葬式」です。家族や友人と一緒に愛猫を送るセレモニーを行い、多くの人と悲しみを共有しましょう。

37 早起きになる

Q 休日は昼まで寝ています。貴重な半日を無駄にした気分になります。

高齢の猫はけっこう朝寝坊もしますが、若い猫は早起きです。というのも、猫は小動物などを獲って食べる肉食動物であり、猫が狩りをするのは獲物が巣に戻る夕方と、巣から出て活動を始める明け方だからです。人間と暮らしている猫は、朝の狩りの代わりに家族に食事を催促します。寝ている人の顔のまわりをウロウロ歩いたり、にゃあにゃあ鳴いたり、胸の上に乗っかったり、猫パンチをして気を引こうとします。こうなると人間は、どれほど眠くても、とりあえずは一度起きて食事を与えざるを得なくなります。ちなみに、雨の日は猫もやや寝坊気味です。

38

家の中の快適な場所がわかる

Q エアコンの冷房が苦手です。なるべく使わずに快適に過ごしたいのですが？

室内で暮らす猫にとって、家の中は自分の縄張り。よく見回りをするので、暖かい場所、涼しい場所をよく知っています。猫は、自分の寝る場所を1カ所に固定しません。お気に入りの場所がいくつかあって、その中から季節や室温に合わせて心地よい場所をピックアップするのです。夏の暑い時期には床がひんやりとして日があたらない風通しのいい場所に、冬の寒い時期には日あたりが良くてふかふかした、隙間風がこない場所に移動します。だから、猫が寝ている場所は、その季節における家の中の特等席！　人間も入れる場所であれば、ぜひ一緒に過ごしてみて。

39 動物嫌いが治る

Q 息子が子猫を拾ったら、猫嫌いの夫が「捨ててこい」と怒鳴りました！

人間は本来、動物が好きなものです。自分よりも小さくて弱い生きものを見たら、本能的に「守ってあげたい」と感じるものなのです。しかし、なかには動物が苦手だという人もいます。それは後天的な要因、つまり犬に吠えられたとか猫に引っ掻かれたなどの不幸な体験があるからで、それが動物嫌いの原因になっているのでしょう。一度でも動物と一緒に暮らせば、そうした嫌悪感はほぼなくなります。動物と楽しい生活を送ったことがある人は、動物に冷たい態度をとることはできません。ましてや、道端に捨てるなんてことは決してできないはずです。

40 模様替えができる

Q 面倒くさいしお金もないので、部屋のカーテンもソファも10年使っています。

猫はどうしても家の柱やカーテン、ソファの脚などで爪とぎをしてしまいます。家具があまりにボロボロになると、人間は買い替えざるを得なくなるでしょう。すると結果的に、部屋を定期的に模様替えすることになるのです。でも、猫の爪とぎにはマーキングなどの意味があり、猫にとって必要なものなので禁止してはいけません。どうしても柱などで爪とぎをさせたくないときは、柱にマタタビを塗った爪とぎ器をくくりつけ、そこで爪をとぐように習慣づけます。その後、毎日10㎝ずつ爪とぎの位置を移動し、最後は邪魔にならない場所まで持っていくのです。

41

ゴキブリを退治してもらえる

Q　ゴキブリが死ぬほどキライです。怖くて自分ではやっつけることができません。

猫はハエ、ガ、ゴキブリなどの昆虫を見つけると、反射的に目で追い、つかまえようとします。小さくて動くものに狩猟本能が呼びさまされるからです。実際にはつかまえられないことも多いですが、猫は待ち伏せが得意なので、台所の隅に逃げ込んだゴキブリを根気よく待ち続け、しとめることも少なくありません。朝起きたら細くて黒い脚が台所に散乱…ということも。まあ、本当は食べさせないほうがいいのですが。困るのは、獲った獲物を見せにくる猫！　これは、人間に狩りを教えているようです。大騒ぎすると逆効果なので、そっと拾って捨てましょう。

42 服装が明るくなる

Q 60歳を過ぎた頃から、茶とか紺とか地味な色の服ばかり買ってしまいます。

色の好みは案外変えにくいもので、若い人でも男性でも、同じような色の服ばかり買ってしまう人は多いようです。でも、猫と暮らすようになれば、好むと好まざるとに関わらず、あなたは明るい色、白っぽい色の服を多く着ることになります。それは猫の抜け毛のせい。猫の毛は細くて柔らかいので、洋服につくとなかなかとれません。洗濯してもついてくるくらいです。抜け毛がもっとも目立つのは、黒や紺などの濃い色の服に白い毛がついた場合。毛だらけで外出するのが嫌ならば、出かけるたびに服にブラシをかけるか、明るい色の服を着るのが無難です。

43 視野が広がる

Q 休日にボランティア活動をする友人。興味のない自分は、人として問題？

誰しも「人の役に立ちたい」という欲求を持っています。でも、「社会のために」なんて考えると気遅れしてしまうのも事実。そこで、自分が興味のあるもの、たとえば猫をとっかかりにしてはどうでしょう？ 震災の被災地には保護された猫がたくさんいます。この猫たちのためにできること、あなたにもあるかもしれません。この世界は人間だけでなり立っているのではありません。でも、多くの人は普段、それを意識しない。動物と暮らすことで「人間も動物も植物も一緒に生きている」と気づかされます。動物によって社会への目が開かれることもあるのです。

44

ショッピングの楽しみが増す

Q **1円でも安いものを探して買い物をする毎日に、空しさを感じます。**

働けば働くほど収入が上がる、なんて幻想は抱けない今の時代、支出を抑えて節約に励むのは仕方のないこと。でも、日々の買い物にだってちょっとした楽しみは欲しいですよね。では、スーパーやホームセンターのペットコーナーに行ってみましょう！ そこはなんとも明るく、にぎやかなスペース。猫缶だけでも何十種類もあって目移りします。獣医さんが勧めるものを探してみましょう。猫のおもちゃも見ているだけで楽しいほどカラフル。ネットで海外の猫用グッズを探すのもいいでしょう。日本にはない面白い品が豊富で、テンションが上がります！

「空の巣症候群」に効く

Q この春、妹2人が遠くに進学や就職をしてから、母はずっと沈みがちです。

あんなに世話の焼ける子だったのに、いざいなくなると心にぽっかり穴があいたよう…。子どもが自立した後、喪失感で親の心が不安定になることを「空の巣症候群」と言います。子育てに熱心だった主婦に多い現象で、ほかに生きがいもなく、夫との関係も希薄だと、虚無感や不安感から心身に不調をきたすこともあります。

では、室内飼いにすれば決して巣立たない家族、猫を迎えてはどうでしょう？　猫はあなたの忠実な娘・息子です。結婚して遠くに行ってしまうこともないし、嫁を迎えてあなたを邪険にすることもありません。ずっとずっとあなたの側にいます。

46

いい人になれる

Q 同僚と飲みに行くたびに上司の悪口で盛り上がってしまいます…。

猫ってけっこういいヤツなんですよ。なぜって、他人（猫？）の悪口を絶対に言わないんですもの。もちろん、不平や不満も言わないし、間違ってシッポを踏んでも根に持ったりしません。他者をねたんだりひがんだり、陥れるようなこともしません。人に認められたいがためにゴマスリをしたりもしないのです。

それでいて、やりたいことには全力投球！　全力でごはんを食べるし、全力でネズミのおもちゃを追いかけるし、全力で生きようとします。決してあきらめないし、途中で放り出すこともしません。そういう姿勢、人類も見習いたいものです。

47

いい家庭になる

Q 今日、妻が私に言ったのは「テレビの音、うるさい」だけでした…。

子どもが大きくなって、夫婦生活も何十年となれば、そうそう家族の会話は弾まなくなります。でも、そこに猫がいれば、状況は一変！　猫は予想もつかないようなことを日々やらかすので、「今日、マミちゃんがこんなことをした」「またマミに○○されたの」と、互いに報告せずにはいられなくなります。愛猫の話題には、家族がみんな笑顔になります。笑顔のある家庭には、明るさや楽しさが感じられるものです。すると、みんなにとって家が居心地のいい場所になり、子どもも家に居つくようになります。小さな猫という存在が、家族を結びつけてくれるのです。

48

いい社会になる

Q 今日も新聞は暗いニュースばかり。日本はこれからどうなってしまうのかしら？

家族は社会を構成する最小単位です。前の項で述べたように、猫がいることでひとつひとつの家族が明るく楽しくなるのですから、それらから成り立つ社会もまた、明るく楽しくなるはずです。また、猫と暮らす人が増えれば、「猫好き」という共通項でほかの家族ともつながっていきます。「25やさしい男の子に育つ（p42）」で述べたように弱い者を慈しむ男性が増え、「24命の大切さを学べる（p41）」のようにみなが他者の命を大切にするようになったら、虐待やいじめもなくなっていくでしょう。地球規模でやさしさと思いやりのある社会が実現するはずです。

これでアナタも猫ハカセ

第3回

ネコドリル

さあさあ、問題も佳境に入ってきました！
アナタにはわかりますか？

問題1

配点 10点

味覚には甘味、酸味、苦味、塩辛さなどがあります。このうち、猫がいちばん敏感なのはどれでしょう？

A やっぱり甘味

B オトナの酸味

C オツな塩辛さ

問題2

配点 10点

知らない人間がじっと見つめていると、ほとんどの猫は目をそらします。これはなぜでしょうか？

A 照れ屋で恥ずかしいから

B 猫同士のマナーだから

C 人間の目が怖いから

問題3

配点 10点

猫の恋はどのようなことから始まるのでしょうか？

A メスからの「おいでおいで」アピール

B オスからの強引すぎるお願い作戦

C メスとオスが出あった瞬間のビビビッというヒラメキ

答えは次のページ

ネコドリル 第3回 答え合わせ

問題1の答え

C オツな塩辛さ

猫の舌や口腔内には味を識別する細胞があります。いちばん早く反応するようになるのが塩辛さで、生後1日の子猫でも塩味を識別します。甘味への反応は少ないはずなのですが、甘いものが好物の猫もいます。

●得点　　点

問題2の答え

B 猫同士のマナーだから

相手を見つめる行為は、猫の世界では攻撃的な意味をもちます。知らない猫同士が出会って相手の目をまっすぐ見つめ合えば、ケンカになる可能性が大。目をそらすのは不本意に争わないための猫のマナーなのです。

●得点　　点

問題3の答え

A メスからの「おいでおいで」アピール

猫の発情期は、多くが1～8月です。ですが、このとき発情するのはメスだけ。オスはメスの発情にこたえて性的な行動を取るので、フェロモンなどによるメスからの刺激がなければ、基本的にはオスは興奮しません。

●得点　　点

第3回 あなたの合計得点　　点

答えは

Part 4
動物飼育のお悩み解決！

49

狭い部屋でも一緒に暮らせる

Q 僕のアパートは6畳1間。これで動物と暮らせるでしょうか？

人間だって動物だって、広い家に住むほうがいいに決まっている、と思うかもしれません。でも、猫に関して言えば、そうでもないのです。猫はよくベッドの下やタンスの隙間、小さな箱などにもぐりこみたがります。それは、そういう狭い場所にいれば人間にもほかの動物にも邪魔されず、安心できるからです。猫はテリトリーに固執するので、ほかの動物や知らない人間がいつ侵入してくるかわからない広い空間と、しっかりと守られている安全な狭い空間なら、後者のほうが居心地がいいと感じるものなのです。

とはいえ、過密状態で猫を飼うのはＮＧ。ストレスで病気になることもあります。目安は、1部屋につき猫1頭までです。あなたの家がワンルームなら、まず1頭はＯＫですね。ダイニングキッチン、お風呂場、広い玄関があれば、それらも1部屋と数えてかまいません。これで最大4頭です。1部屋に1頭とするのは、猫同士がケンカしたときに互いに適度な距離が保て、ほかの猫に邪魔されずに休めるスペースが必要だからです。

それから、猫は上下運動ができれば狭い部屋でも運動不足になりません。棚に段差をつけて階段状に並べたり、部屋にキャットタワーを置くと、駆けあがったり飛び降りたりできていいですよ。

50 昼間は不在でＯＫ

Q 仕事に行っている間は家の中に猫ひとり。さびしくないでしょうか？

とんでもない！　猫は誰にも邪魔されずに昼寝ができて、かえってうれしいくらいです。猫は本来、夜行性の動物で、夕方になると活動的になるホルモンが分泌され、食欲が増して元気になります。反対に、昼間は休息タイム。ほとんどの時間はのんびり寝て過ごし、たまに散歩したり遊んだりするくらいです。何しろ、猫は1日10～20時間も眠る生きものなのですから！

さらにいえば、単独で狩りをし、ひとりで生きるのが猫の生活スタイルですから、猫は孤独をまったく苦にしません。だから、日中家を留守にするひとり暮らしの人にぴったりの動物なのです。

51 出費が少なめ

Q 動物と暮らすのはお金がかかるとか。年金暮らしの私でも大丈夫？

動物も人間の家族同様、生活費がかかりますし、病気になれば動物病院に連れていくことになるので、ある程度のお金は必要です。でも、猫は一般的に、犬ほどはお金がかからない場合が多いようです。食事の量も少ないですし、自分でグルーミングできるので、毛の短い種類ならシャンプーはしなくてもＯＫ。犬なら必要になるしつけ教室やトリミングも、しつけが難しく、毛をカットする必要がない猫には不要。栄養バランスのとれた食事を与え、ワクチン接種をして室内で生活させれば、猫はそう病気にかからないので、病気で通院や入院をすることも少ないでしょう。

52

1〜2泊なら留守番ができる

Q

動物がいると外泊できませんよね？週末は彼氏の家にお泊りしたいんですが…。

前のページでも述べましたが、猫はひとりぼっちが平気な動物。へんにかまわれるよりは、ひとりで放っておいてもらうほうがいいのです。ですから、十分な食事と多めのトイレを用意すれば、2泊までなら猫だけでお留守番させることも可能です。ペットホテルなどに預けてもいいのですが、その場合は生後6カ月くらいまでに猫に「お泊り」を経験させて、慣らしておく必要があります。ただ、猫は住み慣れた自宅にいるほうがストレスがかからず、快適。2泊以上の場合でも、ペットシッターという留守宅の猫の世話をしてくれる人に頼む方法があります。

53 上下関係がない

Q 会社では上司の顔色をうかがうのに必死。家でもそうだと疲れます。

単独で生きる猫には、「群れ」という感覚がありません。状況によっては集団で暮らすこともあるし、「ボス猫」も存在しますが、これもすべての権利を握る強い権力者ではないのです。猫は基本的に上下でなく水平の関係の中で生きています。ですから、人間のことも「飼い主」などとは思っていません。「食事をくれる便利な同居人」という認識です。だから、あなたに遠慮はしません。あなたを喜ばせるために芸をしたりはしませんが、あなたにも愛情や忠誠を要求したりしないのです。そのため、猫が愛情を示したら、それは本心。心からあなたが好きなのです。

54 手がかからない

Q 子どもの世話に追われています。動物の世話まで手が回るでしょうか？

毎日必ずしなければならない猫の世話とはなんでしょう？　じつは朝晩の食事の用意とトイレ砂の交換、それくらいのものなのです。毛の長い猫は、自分でグルーミングをするだけでは毛が汚れたりからまったりしやすいので、毎日ブラッシングをし、たまにはシャンプーもする必要があります。でも、毛の短い猫ならブラッシングも週1程度で十分ですし、シャンプーも不要です。犬のように毎日散歩に連れていく必要もないし、「遊んで遊んで」としつこく要求されることもありません。猫は「いえ、私のことはおかまいなく」という、手のかからない動物なのです。

災害時にも強い

Q 大地震の可能性が取りざたされています。動物を連れて避難できるでしょうか？

多くの動物が放置された東日本大震災の教訓を踏まえると、今後は動物も人と同行避難が基本になるかも。猫の場合、いくつかの準備をしておけばそれも難しくありません。まず、生後6カ月までに、大勢の人の話し声や犬のほえ声がする場所でも眠れるよう、またキャリーバッグに入っておとなしくできるよう、訓練すること。そして、固有の番号を記した微細なマイクロチップを体に埋め込んでおくこと。この番号でデータベースに情報が登録されているので、猫とはぐれても保護されれば誰の猫かがわかります。さらに、猫はひとりで生き抜く力も強い動物です。

56 うっとうしくない

Q ベタベタされるのって苦手。同居するならつかず離れずがいいんですよね。

たとえば、犬は人間にかまってほしくて仕方のない動物です。一緒にいると、いつもウルウルした目であなたを見ています。そして、あなたの後をどこまでもついてきます。あなたが帰宅したときには、ダッシュで玄関に走ってきて飛びつき、ワンワン鳴いて「ねえ、ごはんちょうだい」「早く遊ぼう」と盛大にアピールします。

それに対して、猫は非常にクール。「かまって」アピールも、あなたの腕にそっと前足で触れてきたり、あなたの読んでいる新聞の上にチョコンと乗ってくる程度です。たいていはあなたを無視して自分のやりたいことをやっています。

57 ニオイがない

Q 正直、動物ってクサイらしい…わりとニオイに敏感なんですよね、僕。

犬は、室内で飼っていてもけっこう動物らしい臭いがします。では、猫はどうか。

猫を飼っている家に行くとクサイと感じることがありますが、それは家族が猫トイレの掃除をきちんとしていないか、不妊・去勢手術をしていないために、猫が臭いの強い尿を家中にふりまいているからです。猫の体そのものはあまり臭いがしません。その理由は、ひとつには、皮脂腺から分泌される皮脂の量が少ないからです。皮脂の酸化は体臭の原因になります。もうひとつは、猫が毎日自分で全身をグルーミングし、汚れを取り除くから。猫ってとてもキレイ好きで、潔癖症なのです。

これで
アナタも
猫ハカセ

第4回

ネコドリル

いよいよ最後のドリルになりました。
終わったらp87でアナタの成績をチェック！

問題1

配点 5 点

アナタは2頭目の猫を迎える決心をしました。今いる猫が大人のオスだとして、避けたほうがいいのはどんな猫？

A 友達になれそうな大人のオス

B 恋人になれそうな大人のメス

C 息子になれそうなオスの子猫

問題2

配点 10 点

お父さんが白猫、お母さんが黒猫のカップルからは、どんな色の子猫が生まれてくるでしょうか？

A 半分が白猫、半分が黒猫

B 全部が黒と白のミックス

C わからない

問題3

配点 10 点

空き地などに近所の猫たちが集まる「猫の集会」。その目的とはなんでしょうか？

A 人間を陥れる謀略を巡らすため

B カワイイ女子をみつけるため

C 次のボスを決める総選挙のため

答えは次のページ

ネコドリル 第4回 答え合わせ

問題1の答え

A 友達になれそうな大人のオス

友達になるどころか、本気でケンカを始める可能性が高いのが同じ年頃のオス同士。オスは縄張り意識が強いので、一緒に仲よく暮らすのは難しいケースが多いです。年が離れているか、異性の猫を選ぶほうが無難。

●得点 □点

問題2の答え

C わからない

猫の毛色や模様を決める遺伝子は20種類以上もあり、その組み合わせは非常に膨大です。しかも、遺伝子には優性と劣性があり、親にはなかった形質が子どもに表れることも。このため、毛色や模様の特定は困難です。

●得点 □点

問題3の答え

B カワイイ女子をみつけるため

ごめんなさい！ じつは「猫の集会」の意味は、まだよくわかっていないんです。でも、Bも目的のひとつである可能性は高いです。発情期には集会が長めになり、実際に交尾を始める猫もいます。いわば猫の合コン？

●得点 □点

第4回 あなたの合計得点 □点

答えは

Part 5
ココロのお悩み解決！

58 美に触れる喜びを知る

Q 芸術センスがないとよく言われます。後輩にも商品のスケッチを笑われました。

あなたは美術館に行って名画の前に立っても、「上手だなあ」しか感想が浮かばないのではないでしょうか。安心してください。そういう人はけっこう多く、あなたも彼らも、そもそもが芸術に興味がないのです。

興味をもつきっかけとして、猫を入口にしてみるのもいい方法です。洋の東西を問わず、猫を描いた有名な絵画や彫刻はたくさんありますし、猫を愛した芸術家も数えきれないほどいます。

日本でいえば、江戸時代末期の著名な浮世絵師、歌川国芳。自分でもつねに何頭もの猫を飼っていたといわれ、無類の猫好きであったこの絵師は、猫を描いた作品を数多く残しています。擬人化された猫が踊ったり毬で遊んだりする楽しい作品や、たくさんの猫が集まって文字を作る奇想天外な作品もあり、ユーモアあふれるその作風は猫好きならずとも惹きつけられてしまいます。

人物画で知られるフランス印象派の画家、ルノワールは、作品中によく動物を描きましたが、「猫と少年」「ジュリー・マネ（猫を抱く少女）」「（猫と）眠る少女」など、人物と一緒に猫を描いた作品がいろいろあります。

このほか、スペインのキュービズムの画家、パブロ・ピカソ、アメリカのポップ・アーティスト、アンディ・ウォーホルなど、さまざまな国、あらゆる流派に属する画家たちが、猫の魅力に取りつかれてきました。インドや中国でも猫をテーマにした美術作品は数多く見られます。

　猫は体がやわらかいので、動きが優雅で上品です。また、丸みのある体のラインも美しく、座っているだけで絵になります。犬や馬は走っている姿が美しい動物、つまり動的な美しさをもつ動物であるのに対し、猫は静的な美しさをもつ動物です。そのあたりも絵画や彫刻の題材として好まれる所以なのかもしれません。

　あなたも猫を眺めているうちに、ムクムクと創作意欲が刺激される…かもしれませんよ。

59 責任感を養える

Q 友達との約束を忘れていたら「無責任だ」と責められました。

動物と暮らす、ということは、動物の命を預かるということです。それは子どもを育てることと同義です。自分の子どもに対して、「今夜は遊びに行くから夕飯はあげなくていいや」とは思いませんよね。猫だって同じです。どんな誘惑があっても、自分は病気で何も食べられなくても、猫にだけはごはんをあげなくてはなりません。いえ、自然とそうしたくなるのです。それは義務感ではなく、愛猫に対する責任感と愛情のなせる技です。ただし、猫のほうはあなたに世話をしてもらっているのではなく、「自分が世話してあげてる」くらいの気持ちでいますけどね。

60 ラクな生き方を知る

Q 上司にへつらい、部下に気を使う。こんな毎日に疲れを覚えます。

猫の仕事は寝ることです。日がな一日寝ています。気が向いたら起きて、トイレに行って、ちょっとブラブラしたらまた寝てしまいます。会社であくせく働き、学校で先生や友達の顔色をうかがい、つねに時間に追われている人間とはまったく違うペースで生きています。だからでしょう、周りのご機嫌取りに疲れて家に帰ったとき、猫がのんびりと寝ている姿を見るとほっとします。力んでいた肩の力がふっと抜けます。猫はお世辞を言わず媚びもせず、そこにいるだけ。でも、あなたは猫が大好きです。「こんな生き方もいいな」。思わずそうつぶやきたくなります。

61 用心深くなる

Q 今日も窓を開けっ放しにして買い物に出かけてしまいました…。

猫にもよりますが、一瞬の油断がこちらの命取りになることはよくあります。たとえば、あなたは自転車での買い物から帰り、買ってきたものを玄関に置いて、自転車を片づけに行きます。戻ってみたら…ない！　買ったばかりのあんパンが、買い物袋の中から消えています。玄関から家の中に向かって点々とパンくずが…。これは実話です。とにかく、猫にイタズラされたくないもの、猫にとって危険なものは、猫の手の届かないところに置くか、しまうのが鉄則です。いや、引き出しをあける猫もいるので要注意。脱走も猫の得意技ですから窓の開けっ放しは禁物です。

62 自由と独立を学ぶ

Q 平日は会社への忠誠、休日は家族への奉仕を求められます。

猫には自分が「人間に飼われている」という感覚はありません。食事だって「人間からもらっている」とは露ほども思っていないのです。「出されるから食べてやっている」という感じです。猫には人間に頼るとか、人間に従うとか、人間のために何かをするというつもりは毛頭ありません。猫とは、何ものにも縛られない自由と、自分ひとりで生き抜く独立心とでできている動物なのです。だから、猫と暮らすうえで不都合なことがある場合は、人間側が折れるか工夫するしかないでしょう。家具に爪をたてるなら、上手に爪とぎへと誘導するのです（p52参照）。

63 人に認められる

Q 主婦の仕事って誰にも評価されない。たまにはほめてほしいのですが…。

ブログ、ツイッター、フェイスブックといった、インターネット上の「私・新聞」が増えています。みんな、自分の意見や好きなものをほかの人にも知ってほしいのです。これらにアップされる写真の中で、もっとも多いのが動物モノ。動物は毎日何かしら書くネタがあるので、継続しやすいのも利点なのでしょう。しかも、堂々と自慢ができる！　わが子自慢は読んでも腹が立つだけですが、動物の自慢はほほえましいものです。「かわいいモモ」を自慢して「いいね！」がもらえる。猫を通じて自分を認めてもらえる。ネコ友もできる。これはやらずにはいられません。

64

モテの極意を学べる

Q 上司にも彼氏にも甘えたりおねだりするのが苦手です。

アニメの世界で不動の人気を誇る女性キャラが「ツンデレ」。いつもはツンと澄ましているけれど、じつは弱いところがあったり甘えん坊だったりする女性です。そういう女性が自分にだけ甘えて頼ってくれると、男性はメロメロになります。猫はまさに究極のツンデレ！気が乗らないときは抱っこしても嫌がるし、膝に乗せてもすぐ飛び降りてしまいます。なのに、こちらが予期しないときにすっと寄り添ってきたり、甘えてじゃれついてきたり。しかも、家族にだけそういうことをするのですから、たまりません！このテク、女性はぜひ盗みましょう。

65

忍耐強くなる

Q ささいなことでキレそうになる自分のこらえ性のなさを何とかしたい！

猫は好奇心旺盛で賢いので、とにかくいろいろなことをやらかします。携帯の充電コードを噛んでボロボロにする、ティッシュボックスからティッシュを全部引き出す、クローゼットに入り込んでお気に入りの服を毛だらけにする…。言葉の通じない猫は、なぜ怒られているか理解できないので、事後に怒っても無駄です。現行犯以外、こちらが黙って涙を呑むしかないのです。これを繰り返すと、たいていのことは諦めがつき、我慢できるようになります。反対に猫のしつこさは見習いたいもの。猫はやりたいことは絶対にあきらめません。最後まで頑張ります。

66 他者に必要とされる

Q 「自分は誰からも必要とされていない」。そう感じて空しくなることがあります。

猫は、人間なんて関係ない、という顔をして暮らしています。それでも、朝になればニャアニャア鳴いてごはんの催促をするし、外出から帰ってくれば「待ってたよ」という感じで人間の脚に頭をスリスリします。寒い冬の夜にはそっと布団にもぐりこんできたりもします。そのたびに、あなたは実感するはずです。「ああ、この子は私がいなければダメなのね」。実際、その通りです。室内だけで暮らしている猫は、自分で鳥やネズミを獲ることはまずできません。あなたが食事を与えてくれなければ、いずれは飢え死にしてしまいます。猫はあなたが頼りなのです。

67 自分を客観視できる

Q この歳になってアイドルに夢中。テレビに出ると大騒ぎしてしまいます。

男性アイドルや韓流スターがテレビに映ると、思わず「きゃあ〜〜！　○○クン！」と叫んでテレビに向かって手を振る人。振りつきで歌を熱唱する人。ドラマの相手役を自分に置きかえてうっとりする人。ちょっとテレビから目を離して、かたわらの猫を見てみましょう。猫はいかにも興味なさそうに、ペロペロと前足をなめたりしていませんか？　呆れたような半眼になって、じっとあなたを見つめていませんか？　そんな猫の姿を目にして、あなたは「はっ！」とするはず。いつも冷静な猫は、あなたの内なるもうひとりの自己。己を映す鏡です。

68

労働意欲がわく

Q この頃仕事にヤル気がおきません。転職したいな、と思う今日この頃です。

毎朝「今日も学校だ。うれしいな」「バリバリ仕事を頑張るぞ！」なんて思う人は少数派です。ほとんどの人が無理やりベッドから体を引きはがし、しぶしぶ会社や学校に出かけるわけです。でも、人は生きるためには働かなければなりません。守りたいもの、養うべきものがいるとなればなおさらです。あなたが毎月の給料を稼がなかったら、あなたの猫はどうなります？彼らの愛する家は？　楽しみにしている食事は？それを思うと、うるさく注文をつけてくる得意先にも、頭を下げようという気になるものです。ちょうど、子どものために頑張るお父さんのように。

69

なぐさめてもらえる

Q コンペに落ちました。自信作だったのに…。立ち直れません。

家で泣いていると、猫が寄ってきて膝に乗り、「にゃあ」と鳴いてなぐさめてくれた、というのは猫好きの多くが経験している真実です。猫ってやさしいんですよね〜、ホント。と、言いたいところですが…実際には、猫はなぐさめるつもりで寄ってくるのではないんです。あなたのいつもと違う雰囲気を察知して、「あれ、コイツ今日はなんだか静かだな。どうしたんだろう？」と興味を抱いて見に来た、というのが正解です。でもでも、理由はなんでもいいじゃないですか！落ち込んだとき、悲しいとき、猫があなたの側に寄り添ってくれるのは確かなんですから。

70

毎日が笑いに満ちてくる

Q 最近、心から笑ったことがない気がします。お笑い番組でも観たほうがいいでしょうか？

NHKでは、野生の鳥や小動物が登場するような自然番組をよく放映しています。そうした番組が始まる時間になると、テレビの前にチョコンと座って待つ猫がいます。天気予報のコーナーで、お天気おねえさんが棒であちこちを指すのに合わせ、首を振る猫がいます。猫の姿が見えないな、と思いつつゴミ箱のフタをあけたら、中でゴミに埋もれていた猫がいます。ベランダから屋根伝いに隣の家に行ってしまい、自分で行ったくせに帰れなくて大騒ぎした猫がいます。すべて実話です。こんなことは笑えるネタのごく一例。猫がいると驚きと笑いが絶えません。

71

予定のない休日が楽しみになる

Q 今度の週末も、スケジュール帳は白紙。誰からも何にも誘われていません…。

何もすることがない日があると、「とにかく何か予定を入れなくちゃ」と焦る人がいますが、猫がいればもうそんな必要はありません。猫と一緒なら、退屈する、ということがないのです。ふたりでダラダラ昼寝や日向ぼっこをするのもいいですが、おすすめは猫の「しつけ」。猫も時間をかけて我慢強く相手をすれば、少しはしつけができるんです。簡単なのが「名前を呼んだら返事をさせる」。何度も猫の名を呼び、ちゃんと返事をしたら、ほめながらやさしくなでてあげます。「ものを投げたら取ってくる」もいいですね。さて、あなたなら猫に何を教えますか？

72 無償の愛を知る

Q あんなに尽くしてあげたのに彼から別れようと言われました。なぜなの？

「〇〇したのだから私も〇〇してもらいたい」という見返りを求める愛は、本物の愛ではありません。相手に愛を求めるのではなく、まず自分から相手を愛すること、相手に与えることが大切なのです。ほほ笑みがほしいなら、自分からほほ笑んでみてください。そうして初めて相手も応えてくれるのです。動物を愛するとき、ことに自分勝手と言われる猫を愛するとき、人は見返りを要求しないはずです。ただ、一方的にこちらが愛するだけです。それで十分満たされます。愛するだけで幸福なのです。もしも、それに猫が応えてくれたら…それはもう無上の喜びです。

73 弱い者を気遣える

Q ビジネスの世界はシビア。でも、最近の新入社員はつらいとすぐ辞める！

「最近の若者は」は古代から続く年長者の嘆き節ですが、「オレたちはこうだったからお前たちも」という押しつけをする前に、若い世代が生きてきた今の時代をどれだけ理解できているでしょうか。動物は弱いものを切り捨てます。猫も自分より弱い猫を徹底していじめます。人間も猫と同じでいいでしょうか。相手を理解し、手を差し伸べようとする必要はない？　あなたの膝の上の小さくて弱い生きものは、あなたに問いかけます。人間が自然界から引き離し、自然を奪い、ひとりで生きられないようにした私たち猫も、弱いからと切り捨てられるのですか？　と。

74 野性を取り戻せる

Q キャンプに誘われました。でも、アウトドアって苦手なんですよね…。

猫は人間と暮らすようになってからも、野性を忘れない動物です。狩りの技術を親から教えられた猫は、外に出れば小鳥やネズミを獲ります。ときには獲った獲物を、完全に殺さない状態であなたの前に持ってきたりもします（p53参照）。室内で暮らす猫も虫を見つければ飛びつきますし、窓の外に鳥がくれば狙おうとします。こうした狩猟本能が十分に満たされないと猫はストレスを感じるので、とくに室内飼いの猫はあなたがおもちゃで一緒に遊び、狩りを疑似体験させてあげなければいけません。これがまたなんとも楽しく、やみつきになります（p39参照）。

75 母性・父性が育める

Q 彼が私と別れたい理由は、私がいい妻や母になりそうにないからだそうです。

人間でも動物でも、赤ちゃんを見ると無条件にかわいいと感じる女性は多いようです。なぜそう感じるかというと、目が大きくて、目じりが下がり、顔のパーツが顔の下のほうにあるからです。一般的に、顔の大きさに比べて顔のパーツが大きい生きものは、大人の脳、とくに女性の脳を刺激して母性本能をくすぐります。そういう対象を愛し、保護したい気持ちが自然にわくのです。男性の場合は性的に発育すると、闘争本能が強まってかわいいものを愛でる余裕がなくなります。でも、典型的かわいい顔の猫に接していると、かわいいと感じる感性が持続されるのです。

76

幸せな目覚めができる

Q

目覚ましが鳴っても朝なかなか起きられず、起きぬけは気分もどんよりです。

朝、目覚まし時計の機械的なジリジリという音で起こされるのと、あなたにごはんをねだる猫のかわいい鳴き声で起きるのでは、どちらが快適な気分でしょうか？　もちろん、寝坊してはいけないので目覚まし時計は必要です。でも、起きた後、猫がいるのといないのでは違います。目を覚ましたあなたに駆け寄り甘える猫の姿、かたわらに寄り添うように眠る猫の姿を見れば、あなたも思わずほほ笑むでしょう。同じ寝不足で疲労が抜けない朝でも、ほほ笑みとともに始まるのとうんざり顔で始まるのでは、その後の1日が違ってくるはず。よい1日はよい目覚めからです。

77

自分を肯定することができる

Q **私はちっぽけでつまらない人間です。こんな私でも、世の中に必要なのでしょうか？**

猫は何の役にも立たない。寝ているだけのタダ飯食いだ。多くの人から猫はこう思われています。でも、この本を読んだあなたは、それは違うとわかったはずです。猫は役に立っています。猫だって、こんなに人の役に立つのです。多くの人の目には映らなくても、この世にあるすべてのものは、存在していること自体で何かの役に立っているんです。猫はそのことを、あなたに教えてくれます。あなたは、ありのままのあなたでいい。それだけで必要な存在であり、愛される存在である。のんびりとマイペースに眠る猫の姿そのものが、何より強力なその証明なのです。

これで
アナタも
猫ハカセ

ネコドリル

第１回から第４回までお送りしてまいりました
ネコドリル。これまでの総得点を合計しまして、
アナタの成績を発表させていただきます。

総合成績発表!!

P21の合計得点……　□点
P35の合計得点……　□点
P59の合計得点……　□点
＋　P69の合計得点……　□点

アナタの総合得点…　□点

総合得点40～55点のアナタは…

銅メダル

なかなかよく勉強してるわね。猫が好きってことは認めてあげてもいいわ。でもね、猫って奥が深いのよ。わかった気になっちゃダメ。

総合得点80～100点のアナタは…

金メダル

アナタってば、なんでそんなに猫のことよく知ってるの？　絶対、猫と生活してるでしょ？　ひょっとしてアナタ猫なんじゃないの？

総合得点0～35点のアナタは…

参加賞

ま、こんなもんよね、人間なんて。アンタたちにはそんなに期待してないから気にしないで。猫のこと、本当は興味ないんでしょ？

総合得点60～75点のアナタは…

銀メダル

どこでこんな知識を身につけたのかしら。アナタって侮れない人ね。猫のヒミツを探り出すその嗅覚、もしや犬だったりして。

さて、ここまで読んだあなたは、
猫と**一緒**に**暮**らしてみたくて
たまらなくなったでしょう？
「どんな猫がいいかな」
「名前はどうしよう」と
ワクワクしているはずです。

でも、ちょっと待って！
あなたには、猫と生活するための
準備ができていますか？

必要な物を揃えていますか 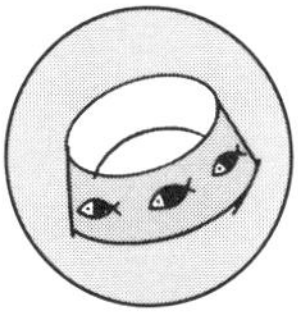 ・・・？

食事はどうします？  ・・・？

体のケアができますか？  ・・・？

猫を家に**迎**える**前**に
まずは、猫と上手に**暮**らしていくための
基本的なお勉強をしておきましょう。

猫暮らし
マニュアル

猫と暮らす心得

猫との生活を始める前に この3点だけはクリアしましょう。

「とにかく猫がほしい!」と、はやる気持ちはわかりますが、女性が美人だからという理由だけで結婚生活は続かないように、「かわいい」だけでは猫との同居生活は長続きしません。猫と同居するにあたって、これだけは守ってほしいことを3つ挙げました。ひとつでも守れないときは、状況が改善するまで、しばらく同居はガマンです。

一生、面倒をみること

最初は「猫が好き、好き!」と思って家に迎えたけれど、家具を傷つけられた、病気になると保険がきかないからお金がかかる、赤ちゃんがうまれたから、引っ越すから…などなどの理由で、あなたは途中で猫を手放したりしないでしょうか? 命あるものを「もうや〜めた」と途中で放り出すことは許されません。法律にも明記されていますが、猫を家に迎え入れたときから、あなたには猫を保護する責任がうまれているのです。

猫と暮らすときの大原則は、生涯面倒をみること。万が一、これ以上育てられない事情ができたら、きちんとした引き取り先を探してあげましょう。決して捨てたり、動物愛護センターなどで殺処分したりしないでください。

環境省によると、平成23年度には13万頭もの猫が殺処分されました。この膨大な命の重みを考えてみてください。

きちんと世話をすること

自分が都合のいいときだけかわいがるのではなく、毎日食事を与えたり、トイレの掃除をしたり、ときにはボディケアをしたり、といった猫の世話をきちんとできますか？　病気になったら動物病院に連れていくこと、スキンシップの時間をとってあげることも重要です。

猫と暮らせる環境にあること

「ペット飼育禁止」のマンションに住んでいませんか？　隠れてコソコソ暮らすのは、人間にとっても猫にとってもストレスになります。同居がバレて、近所の人や不動産会社とトラブルになれば、それこそたいへんです。重度の猫アレルギーの人が家族にいるとか、猫と暮らすことに反対する家族がいるときなども、やはり猫との生活は難しいと思います。また、食費や病気の治療代、ワクチン接種代、不妊・去勢手術代などの費用をまかなえる金銭的余裕があることも大事な条件です。

第2章

manual

猫を迎える

猫を連れてくる前に考えること。連れてきたらすぐにすること。

どんな猫をパートナーにする?

あなたは猫と暮らそうと決めました。まずは、どんな猫をパートナーにするかを考えましょう。人気があるのは子猫です。子猫はめちゃくちゃかわいいし、しつけがしやすく、成長する姿も楽しめます。でも、じつは世話にけっこう手がかかる…。好奇心いっぱいで遊び好きだから、最初のうちは振り回されるのを覚悟しましょう。

対して、大人の猫は落ち着いていてクール。静かな生活を好む人、遊び相手をするパワーがない人には、こちらのほうがよかったりします。でも、環境に慣れてあなたに甘えてくるようになるには、ちょっと時間がかかるかも。

猫には毛の長い長毛種と短い短毛種があります。長毛種は見た目が優雅だし、おとなしくてあまり鳴かないタイプが多いので静かです。でも、毛の手入れが必要だし、抜け毛もけっこうすごい。短毛種は人なつこくて活動的です。中にはやんちゃなタイプ、鳴き声が大きなタイプもいます。でも、ボディケアの手間はほとんどかかりません。

オスは活発で甘えん坊、メスはおとなしくて冷静とよく言われます。でも、性格は個体差が大きく、人間同様、オスより気の強いメスもいますので、そのあたりは実際に猫を見てご判断を。

猫とどこで出会う？

　この品種がいい！　と決めているなら、ペットショップや、猫の繁殖を手掛けるブリーダーさんから手に入れるのが確実です。これらで扱われているのは、血統書つきの純血種。多くが子猫です。もちろん、お値段はそれなりにします。必ず複数の店に足を運び、飼育環境が清潔か、猫に関する知識が豊富であるか、アフターケアをしてくれるかなど、信頼できる相手かどうかをよく見極めてください。購入時にきちんと契約書を交わすことも忘れないで。

　最近多いのが、インターネットの里親募集サイトで探す方法です。じつにたくさんのサイトがあり、猫の写真やプロフィールが掲載されているので、理想通りの猫を探しやすいでしょう。大人の猫から子猫まで幅広く扱っていて、ほとんどが無料で猫を譲ってくれます。でも、純血種の血統書つきは、まずいないでしょうね。同様に、動物愛護団体から譲ってもらう方法もあります。

　知人の家で子猫が生まれたら譲ってもらう、捨て猫を拾うという手もありますが…近年では難しくなった方法なので、実現は運次第です。

どんな準備が必要？

　猫と一緒に暮らす前に、猫を迎えた当日から必要になるものをあらかじめ準備しておいてください。最低限必要なのは、以下のものです。

食器

　フード用と水用の2種類が必要です。口が広くて大きめのほうが猫は食べやすいようです。また、ある程度深さがあるほうがフードが周りに飛び散りにくく、重さのあるもののほうが倒れにくいでしょう。衛生面を考えると、プラスチック製よりは陶器やステンレス製のほうがおすすめです。

フード

詳しくはp110~117でご説明しますが、「総合栄養食」と書いてあるキャットフードが基本です。猫を譲ってくれる方に、あらかじめ猫の好きな味（カツオ味とかササミ味など）やフードの種類（缶詰かドライフードか）などをきいておくといいでしょう。急にフードの種類を変えると食べなくなることがあります。

トイレ

猫は排泄場所を1カ所に決める性質があるので、猫用のトイレを用意します。トイレは、トレイだけのもの、上に覆いがついていて砂が飛び散りにくいもの、自動で掃除をしてくれるものなど、いろいろな種類が市販されています。大きめの空き缶やダンボールにビニールを敷いたものを活用してもかまいません。トイレに入れる砂も、紙製、木くず、鉱物、シリカゲルなどいろいろな素材があり、トイレに流せるもの、尿や便の臭いを抑えるものなど特性もさまざまなものがあります。お金をかけず、新聞紙などを細かくちぎったものを使ってもいいでしょう。

爪とぎ

猫はその習性として、爪とぎをせずにはいられない動物です。また、古い爪をはがす、テリトリーを主張する、ストレスを解消するなどの必要性と理由がある行為なので、猫に爪とぎをさせないようにするのはよくありません。とはいえ、猫の自由にまかせておけば、家具や柱で爪をといでしまうので、そうした被害を防ぐために、専用の爪とぎ器を与えることが大切です。

市販されているものには、段ボール、じゅうた

猫と暮らすときに必要なもの

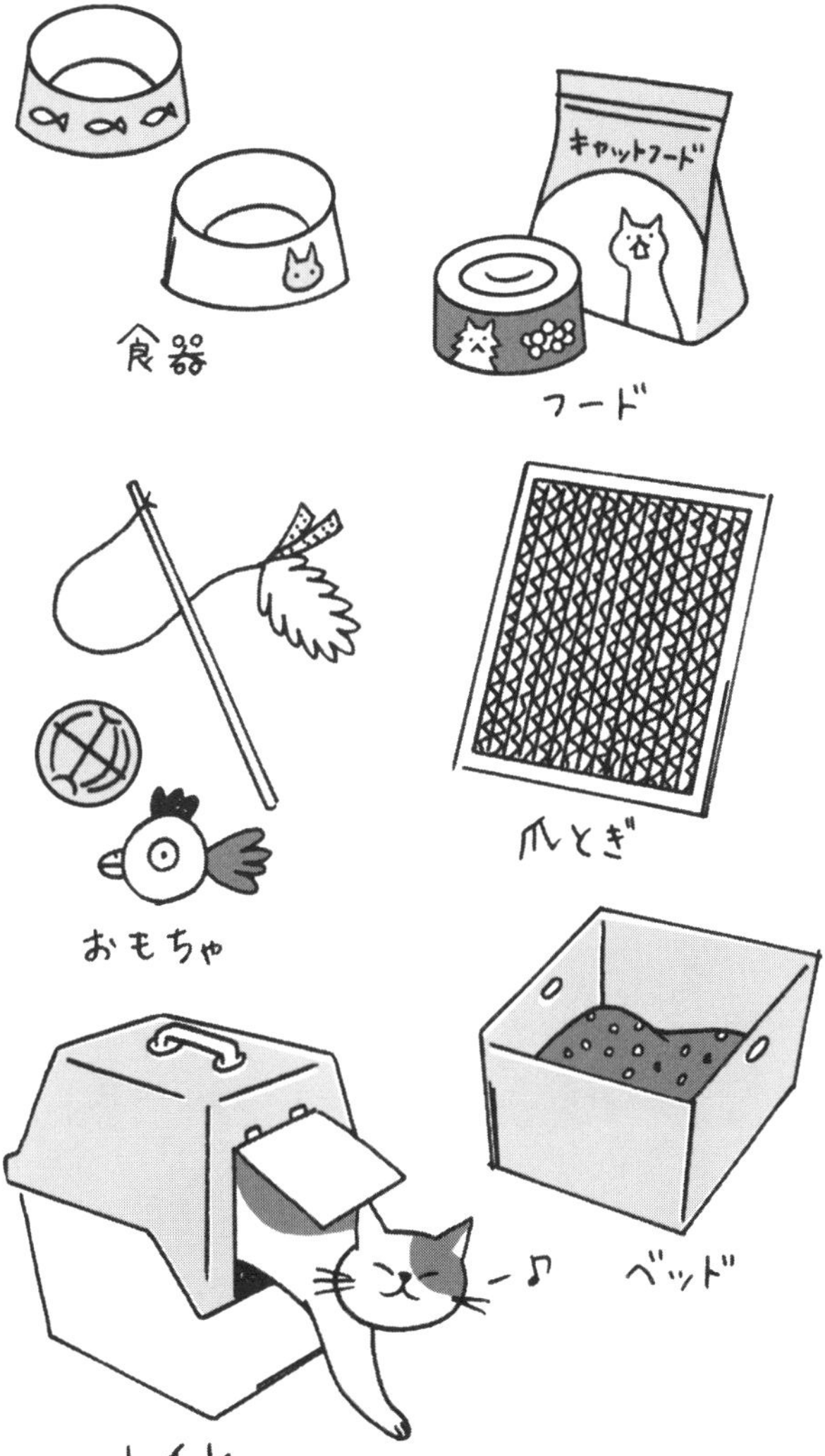

ん、木、麻、コルクなどいろいろな材質のものがあり、形もさまざまです。猫によって好みが違うので、いくつか買ってみて試すのもいいでしょう。段ボールや板などを使って自分で手作りしてもOKです。

キャリーバッグ

猫を家に連れて帰るとき、動物病院に連れていくときなど、外出の際に必要になります。大きさは、大人の猫がすっぽり入り、向きを変えられる程度の広さがあればいいでしょう。素材にはプラスチック、籐、布、スチールなどがありますが、猫が壊したり逃げ出したりしないよう、扉や留め金がしっかりした丈夫なものを選んでください。

ベッド

これを猫が使うかどうかは賭けのようなところがあり、気に入らないとまったく使わない猫もいます。なので、市販品を買うよりも、猫が手足を伸ばせるくらいの段ボールに、古いタオルや毛布を敷いたものを用意しておくほうが無難です。

おもちゃ

猫じゃらし、鳥の羽根がついたさお、ネズミの形をして毛が貼られたもの、輪の中をボールが転がるものなど、いろいろな種類のおもちゃがありますが、猫の好みに大きく左右されます。最初は家にあるヒモなどをくねらせて遊び、様子をみてもいいでしょう。

猫を家に連れてきたら

さあ、いよいよ待ちに待った猫を家に迎える日がやってきました！　さて、どういう手順を踏んだらいいでしょう？

こちらから猫を迎えに行く場合は、必ずキャリーバッグを持参してください。間違っても紙袋なんかに入れないこと！　途中で脱走してしまいます。できれば早い時間に迎えに行く方が、猫も新居に慣れる時間ができますよ。先方からは、猫が使っていた寝床のタオルと、少量のトイレの砂をもらってきます。猫は自分の臭いがついたものがあると安心するので、タオルはキャリーバッグの中に一緒に入れて運び、砂は新しいトイレの砂の上に振りかけると、しつけがラクになります。

移動の途中で猫が鳴いても、あまり気にしなくて大丈夫です。声をかけずにそっとしておくと、やがて猫も落ち着いてきて鳴きやみます。

家に着いたら、決して大騒ぎして猫を抱きしめたりしないこと。いきなりこれをやられると、ほとんどの猫はおびえてしまいます。最初に、猫に必要なもの、つまり食事を入れた食器とたっぷり水を張った食器、トイレ、ベッドをひとつの部屋に用意し、危険なものは片づけておきます。次に、その部屋のドアや窓をすべて閉め、猫を入れたキャリーバッグを置いて扉を開けます。あとは猫のペースにまかせましょう。しばらくキャリーバッグから出てこない猫、部屋の中をウロウロ歩きまわってあちこちの臭いをかぐ猫、家具の隙間に入り込んだまま出てこない猫など、猫によって反応はいろいろだと思いますが、どの場合も放っておいて大丈夫。食事をしないこともありますが、1日程度なら気にしなくてかまいません。

トイレのしつけだけは最初が肝心なので、猫の様子をよく観察し、ソワソワと床の臭いをかいだり前足で床を引っ掻いたりし始めたときは、すぐにトイレの中に入れます。嫌がって出てきても、数回繰り返して入れましょう。これを何度か繰り返すとほとんどの猫はすぐにトイレを覚えて、ほかの場所で粗相することはなくなります。どうしてもトイレを嫌がって使わないときは次のページの方法を参照してください。

翌日になったら猫のいる部屋のドアを開け放しにして、猫に家中を好きなように探検させましょう。このとき、猫にとって危険な薬品や刃物などはすべて片づけておきます。やけどしやすいストーブ、かじって感電する恐れがある電気コード、溺れる危険性のある水を張った浴槽、かじると猫が中毒をおこすユリやチューリップの花なども要注意です。ホットカーペットによる低温やけど、殺鼠剤による中毒などの可能性も考慮して。

猫を家の外に出すかどうかはよく考えましょう。平成12年に施行された動物愛護管理法には、猫は屋内で飼育するように努めること、と明記されています。本来は、自然の中でのびのびと生活させることが、猫にとっていちばんの幸せでしょう。しかし、現代の、とくに都会の住環境は、それを許さない状況にあります。いちばんの問題は交通事故の危険性です。猫は危険を察知するとまっすぐつき進んでしまう習性があるため、車にひかれやすいからです。遠出して迷子になり、家に帰れなくなるとか、見知らぬ人間に虐待される可能性もあります。住宅が過密化している地域では、テリトリーが重なる他の猫とケンカをしてケガをしたり、それが元で感染症にかかりやすくなったりします。猫に末永く健康に、そして安全に暮らしてほしいのであれば、やはり室内だけで生活させるほうがよいのではないでしょうか。

猫は、広いけれど他の猫や人間が侵入することが多い場所よりも、狭くても安全に守られた自分だけのスペースにいるほうがリラックスできます。上下運動ができるように家具の配置を工夫する、毎日短時間でもいいから一緒に遊んであげるなどして、運動不足とストレスの解消に努めれば、室内飼いは決して不幸なことではないのです。

大切なトイレケア

毎日必要な猫の世話は、食事の用意とトイレの掃除。食事はとても大切なことなので、次の章に詳しくまとめました。ここではトイレの掃除と排泄のトラブル対処法について説明します。

初日にトイレを覚えてスムーズに使っているようなら何も問題はないのですが、猫は神経質で好き嫌いがはっきりしているので、トイレの形や砂の感触が気に入らないと、使ってくれないこともあります。どんなに教えてもトイレで排泄しないようなら、トイレ砂が気に入らないのかもしれません。そんなときは、浅い箱にいろいろな種類のトイレ砂をいれたものをトイレの場所に並べ、猫自身に好きなタイプを選ばせる方法もあります。

猫はきれい好きなので、トイレが汚れていると嫌がって、別の場所で排泄してしまいます。最低でも1日1度は猫が排便・排尿した部分を周囲の砂ごと取り除き、新しい砂を補充しましょう。たまにはトイレ容器を洗って砂をすべて取り替えることも必要です。臭い対策としては、トイレを窓の近くに置いて換気をよくする、市販の吸臭剤を置くなどすると効果的です。

猫がトイレを嫌がるのは、置き場所が気に入らない可能性もあります。人の出入りが多く、落ち着かない場所ではゆっくり排泄できないので、玄関などにトイレを置くのはやめましょう。

万が一、別の場所で粗相をしたら、便や尿をよく拭き取ります。臭いが残っていると同じ場所でまた排泄してしまうので、必ず消臭剤を振りかけて臭いを消します。何度も繰り返すようなら、トイレの砂や置き場所、清潔度などに問題があるか、泌尿器系の病気にかかっているのかもしれません。一度獣医さんに相談してみましょう。

猫のしつけ

子猫のうちに始めることが重要なのが、爪とぎ、グルーミング、社会性のしつけです。猫にこれらのしつけをしておかないと、のちのち苦労することになります。

猫のしつけのポイントは、まず根気よく続けること。そして、好ましくない行動は、やっている最中に叱ること。猫は自分の過去の行動を覚えていないので、後からイタズラをみつけて叱っても、なぜ叱られているのかわかりません。いつもガミガミと怒鳴る家族を怖がるようになるだけです。叱るときは「ダメ！」「コラ！」などの強い言葉で行動を止めるか、顔の前に手のひらをかざして脅かします。猫を抱いて別の場所に連れていくのもいいでしょう。体罰は、家族に不信感をもつようになるので禁止です。

爪とぎのしつけ

せっかく買った爪とぎを猫が使ってくれず、家具で爪とぎをしてしまうことがあります。猫は自分のテリトリーの中心にあって目につくまっすぐな物で爪をとぎたがります。これをやめさせるには、段階を踏んで猫をその場から遠ざけましょう。

最初に、猫が爪とぎをしたがる柱や家具のそばに爪とぎ器を用意します。猫が柱などで爪とぎを始めたら、すぐに抱き上げてそばに置いた爪とぎ器に乗せます。市販のマタタビ粉を振りかけておくと、喜んで爪とぎ器を使うこともあります。猫猫のしつけは一貫性をもって。昨日は「ダメ」と言われたことを、今日は「いいわよ」と言うと、猫も混乱してしまいます。

が上手にできたらよくほめてあげましょう。これを根気よく何度も繰り返し、爪とぎ器に自分の臭いがついて猫が慣れてきたら、部屋の隅など人間にとって都合のいい場所へ、毎日10～30㎝くらいずつ爪とぎ器を移動させます。移動距離が短いほど、猫はだまされてくれるでしょう。どうしても猫が爪とぎ器を使わない場合は、床に置いていたものを壁に立てかけてみるなど、置き方や置き場所を工夫することも大切です。

グルーミングのしつけ

猫は毎日自分で自分の体をすみずみまでなめてきれいにしますが、グルーミングはそれだけでは十分ではありません。とくに、毛の長い猫は毎日ブラッシングが必要だし、たまにはシャンプーもしなければならないので、グルーミングを嫌がらないようにしつけることが必須です。ブラッシングなどの詳しい方法はp118～125でご説明しますが、大切なのは、早いうちからグルーミングに慣れさせることです。大人になって急にやろうとすると、嫌がって大暴れします。

コツは、グルーミングは楽しいものだ、と猫に思わせること。まずは人間に触られることを嫌がらない猫になるよう、頻繁に抱っこしたりなでたりすることから始めます。慣れたら、やさしく話しかけながら背中をブラッシングしてみましょう。そして、だんだんブラシをかける範囲を広げます。嫌がったらすぐにやめること。無理強いすれば猫はその行為を嫌うようになります。毎日体に触れることは、猫と人とのコミュニケーションになりますし、人間が猫の体の異常に早く気づくきっかけにもなるので、毛の短い猫にもぜひ!

社会性のしつけ

猫は生後2カ月までに周りの環境に適応する能力を身につけます。ですから、新しいことを吸収しやすいこの時期に、ケンカの仕方などの猫として必要なことを親兄弟から学ぶのはもちろん、人間やほかの動物に慣らしておくことが大切です。

この時期にいろいろな人間や動物に接していると、自分以外の生きものをむやみに警戒せず、初めての人や場所にもあまり物おじしない、人なつこくて社会性のある猫に育ちます。こういう猫は、動物病院に連れていってもパニックを起こすこともなく、近所の人から猫友までたくさんの人から愛されるので、猫自身も家族もより多くのつながりを得て幸せになれます。

生後2カ月までの猫と出会うのは難しいですが、生後6カ月までならまだしつけも間に合います。キャリーバッグに入れてできるだけ一緒に外出させ、車の音や犬の鳴き声に慣れさせて、老若男女、さまざまな人間に触れてもらいましょう。とくに、ひとり暮らしで猫を室内飼いしている人は、意識的にいろいろな人を家に呼んで、猫が人に慣れるよう訓練してあげてください。

健康診断とワクチン接種

猫が生まれてから一度も健康診断を受けていないときは、家に慣れてきたらなるべく早めに動物病院で健康診断を受けさせましょう。動物も、今は予防医学の時代です。病気になってから慌てて動物病院に駆け込むのではなく、年に一度は健康診断を受けて、病気の予防や早期発見に努めるべきです。健康診断では触診、聴診、問診はもちろん、寄生虫や皮膚病の有無の確認、検便や尿検査、感染症にかかっているかどうかを調べる血液検査などを行って、健康状態に問題がないかをチェックします。このとき、猫に関する不安や疑問があれば、遠慮なく獣医さんに相談してみましょう。

また、生後2カ月を過ぎたら、感染症のワクチン接種も考えなければなりません。人間もそうですが、猫もウイルス感染に対しては特効薬がありません。ですから、感染してから治療することよりも、かからないようにワクチンで予防することが重要になるのです。「うちは1頭で室内飼いだから大丈夫」などと侮らないでください。人間が外出した際に靴の裏などにウイルスが付着して、室内に持ち込んでしまうこともあります。ウイルスの侵入を完全に防ぐことは不可能なのです。

感染力が強く、毒性も強いウイルス感染症のうち、猫汎白血球減少症、猫ウイルス性鼻気管炎、猫カリシウイルス感染症、猫白血病ウイルス感染症はワクチンで予防できます。最初の3つは三種混合ワクチンで一度に予防することができます。4種すべてを合わせた四種混合ワクチンもあります。母猫から母乳を通じて子猫の体内に入った抗体が切れる生後8週目に最初のワクチン接種を行い、それから3～4週間後に2回目の接種を行います。あとは1歳の誕生日に1回、その後は3年に1回ずつ追加接種をすればOKです。猫を譲ってもらう際は、必ず先方にワクチン接種の有無を確認しておきましょう。

ホームドクターをつくる

動物病院は人間の病院のように診療科ごとにわかれていません。ですから、信頼できるかかりつけの獣医さん＝ホームドクターをひとりつくっておけば、あらゆる病気の相談にのってもらえます。それだけではなく、獣医さんは、食事やしつけ、コミュニケーションの取り方など、動物に関わるさまざまなことについて教えてくれる、大事なアドバイザーでもあります。いい獣医さんを味方につければ、まさに百人力なのです！

動物病院には、ひとりの獣医さんが個人経営しているところから、何十人ものスタッフを抱えた大規模なところまで、いろいろなタイプがあります。また、動物病院は診療料金を自由に決められるので、検査ひとつとってもかかる費用はさまざまです。近所で動物と暮らしている方にいくつかの動物病院の評判を聞き、そのうちの複数を実際に訪れて、病院の清潔度、スタッフの人柄、説明の丁寧さ、自分や猫との相性などを確認し、安心して家族をまかせられる動物病院を見つけましょう。

不妊・去勢手術を考えよう

　あなたが猫のブリーダーを目指しているのでない限り、猫の不妊・去勢手術は、家族の義務です。「女（男）でなくなるのはかわいそう」と考える人がいますが、それは人間の勝手な思い込みです。猫には自分が「女（男）」という意識はありませんし、「子どもが産めなくて悲しい」「男としてのプライドが傷ついた」などと感じることもありません。それよりも、本能からくる性衝動を無理に我慢させられるほうが、猫にはずっとつらいことなのです。

　かといって、生殖能力の高い猫に交尾を許したらどうなるでしょう？　生まれてくる子猫すべてを、あなた自身が生涯面倒をみてあげられますか？　成長した子猫はそれぞれがまた子どもを産むのです。その子たちを捨てたり動物愛護センターに持ち込んだりして、かわいそうな猫を増やすハメになったりはしないでしょうか？

　さらに、発情した猫との同居はたいへんです。猫の発情期は春だと思われていますが、じつは室内だけで暮らす最近の猫は、季節に関係なく年中発情することがあるのです。メスは近所中に響き渡るような甲高い大声で鳴くようになり、あなたの足にくねくねと体やお尻をこすりつけてきます。オスは攻撃的になったり、メスを求めて脱走し、他のオスとケンカを繰り返したり、強烈な臭いのする尿を家中に振りまいたりするようになります。これが1年に何回も起きるのです。

　不妊・去勢手術にはメリットもたくさんあります。まず、発情行動に悩まされなくなること。メスの大きな鳴き声やオス同士のケンカは近所迷惑になっている場合が多く、手術すればクレームにおびえることもありません。次に、病気やケガなどの予防になること。メスは子宮蓄膿症や乳腺がんの発生率が大幅に低くなり、妊娠出産で体力を消耗しないので、老化も遅くなります。オスはメスを求めてのケンカのケガがなくなり、精巣腫瘍などの病気の心配からも解放されます。メスを求めて放浪することもなくなるし、強烈な臭いがする尿をあちこちにするスプレー行為も収まり、攻撃的な性格も穏やかになります。一般に、不妊・去勢手術をした猫は、大人になっても子猫っぽさを残し、無邪気で好奇心旺盛なかわいい猫であり続けることが多いようです。

　手術の時期については獣医さんによって意見に違いがありますが、病気予防の観点から、また体へのダメージを少なくするなら成長期の早いうちがいいという理由から、性成熟前の生後3～8カ月の間をおすすめする獣医さんが多いようです。いつ手術をするかについては、家族の都合も含め、早めに獣医さんと相談してください。

　費用も動物病院によって違いがあります。オスの場合は1～2万円、メスの場合は2～3万円くらいが目安です。メスは数日入院させることもあり、入院費は別にかかります。また、手術前の検査（麻酔をかけて手術を行っても安全かどうかを判断する検査、血液検査、尿検査、血液化学検査、血液凝固系検査など）も別料金です。ですから、動物病院に電話をして「手術費用はいくらですか？」と聞いただけでは実際にかかる費用はわからないことも多いでしょう。手術費用は多めに用意しておくことが大切です。また、あまりにも手術費用が安い場合には内容を確かめてみるべきです。術前検査をきちんと行ってくれるか、麻酔はもっとも安全な吸入麻酔か、手術器具は1頭に1セット使っているか、などが判断の材料になります。身寄りのない野良猫などの手術は、お金がかけられないので安価な方法で行うこともあるのですが、家族のいる猫は最善の方法で手術を行うべきです。そうするとけた外れに安くはできないはずなのです。野良猫については、手術費用の一部を負担する制度がある自治体や、低料金で受けてくれる動物病院もありますので、問い合わせをしてみましょう。

不妊・去勢手術はどの病院でも日常的に行う手術なので、危険性はほとんどありません。術後は傷口をなめないようにエリザベスカラーという固いエリを首の周りにつけられることが多いので、食事やトイレの際に邪魔になっていないか、注意してあげましょう。また、手術後は肥満になりやすくなるので、食事の種類や量について、獣医さんにアドバイスをもらってください。

第3章
manual

猫のお食事

**食事は健康の基本です。
猫にとってよい食事を考えましょう。**

何を食べさせたらいい？

猫にとって理想の食事は丸ごと1匹のネズミと言われます。でも、現代の家庭でそれを望むのは無理というもの。では、猫にはどういう食事を与えるのがいいのでしょうか？

猫に必要な栄養素と人間のそれとは違います。犬と猫でも必要とする栄養素の種類や量は違ってきます。ですから、猫には、猫に必要な栄養素が過不足なく配合されたキャットフードを与えましょう。人間が手作りした食事やドッグフードでは、栄養不良に陥ってしまいます。

キャットフードには「総合栄養食」と「一般食」があります。総合栄養食とは、そのフードと水だけ与えていれば、猫に必要な栄養素がすべて摂れるというものです。この表記がないものは一般食になります。こちらも猫用に成分を調整してありますが、栄養的には十分でないので、風味づけやおかずとして総合栄養食に添えるといいでしょう。ほかに、猫用のおやつや特定の栄養素を補うための「栄養補完食」、病気の際の食事療法に使われる「特別療法食」などもあります。おやつは与えすぎに注意し、栄養補完食や特別療法食は必ず獣医さんに相談してから使用してください。

キャットフードは形状で分類することもできます。一般に「カリカリ」と言われるドライフードと、「猫缶」と言われるウエットフードです。総合栄養食であればどちらも栄養的な違いはありませんが、それぞれにメリットがあります。

ドライフードのメリット

開封しても保存が利く、噛みごたえがあるので比較的歯石がつきにくい、食事量をコントロールしやすい、1食あたりのコストが安い

ウエットフードのメリット

風味が豊かなので猫が好む、食べやすい、消化がよい、水分を摂りやすい

これらを考慮して、家庭の都合や猫の好みに合わせて選びましょう。留守がちなお宅では、開封すると傷みやすいウエットフードよりも、出しっぱなしにしてももちのいいドライフードをメインにするほうがいいと思います。

原材料や成分、賞味期限といったフードに関する情報は、そのパッケージに記載されています。パッケージには、特定の栄養素を強化しているなど、その商品のセールスポイントも書かれています。ですが、これらの表示を見ただけでは、ペットの健康に必要な栄養素がきちんと含まれているか、そのフードが安全であるか、といったことはわかりません。フードは猫の健康に大きく関わります。見た目や価格だけで判断せず、商品の研究データをホームページで公開しているような、信頼のできるメーカーのフードを選んでください。

いつ、どうやって食べさせる？

猫はちょっとずつ何度も、という食べ方をしますが、食事は1日分を朝と夕方の2回にわけて与

えればいいでしょう。量はパッケージに書いてある分量を参考に、猫の体重や活動量に合わせて調整します。食べ残しはすぐに片づけないで、猫がまた食べるか様子をみます。次の食事のときまで残っているフードは処分してください。水はいつでも新鮮なものをたっぷりと用意しておきます。

猫の食器はできれば毎日洗うこと。とくに、傷みやすいウエットフードを与えたときは、食べ終わったらすぐに洗いましょう。

フードを別なものに替えるときは、いきなり新しいものを出すと猫が食べないことがあるので、時間をかけて新しい味に慣らします。これまで与えていたフードに、新しいフードを少しだけ混ぜるところから始め、だんだん新しいフードの分量を増やして、徐々に切り替えるといいですよ。

猫は味の好みにうるさく食事にあきやすいので、これまで喜んで食べていたフードを急に食べなくなることがあります。かといって次々に新しいフードを試すと、猫はこれを期待してますますわがままになるでしょう。反対に、生まれてからずっと同じフードしか与えていないと、その味に固執して新しいフードを受けつけなくなる猫もいます。この「猫のグルメ問題」をなんとかするには、フードの種類を2〜3種に限定し、Aに飽きたらB、Bに飽きたらA、と交互に与えてみるといいようです。また、レンジでほんの少しフードを温めると、匂いも強まって猫の食欲を刺激します。

猫はムラ食いをすることも多いですが、あまりに食べないときは病気の兆候がないか注意しましょう。逆に、食べすぎは肥満のもとだし、肥満は病気のもとです。腰のくびれがなくなってきた、脂肪で肋骨が触れない、というのは肥満のサイン。とはいえ、急なダイエットをすると健康を害するので、ダイエットをするときは必ず獣医師の指導のもとで行ってください。

標準

肥満

1歳のころより体重が増えてきたらイエローサイン。猫の体型が右や上のようになったら肥満です。

猫に必要な栄養素

肉食性の猫は、雑食性の人間や犬とは必要とする栄養素の種類や量が違います。タンパク質や脂肪はたくさん必要になる半面、炭水化物は人間や犬ほどは必要ないのです。次に、猫の栄養に関する注意点を挙げます。

タンパク質

猫にとっていちばん大切な栄養素です。筋肉や血液といった体の組織をつくるために必要なだけでなく、重要なエネルギー源でもあります。とくに、成長期である子猫の時期にはかなり多量に必要になります。こうした点から、子猫には、子猫に必要な栄養量と栄養素を満たした子猫用のフードを与えるようにしてください。

タンパク質は一部をのぞき、約20種類のアミノ酸からできています。動物の体では十分な量を合成できず、栄養分として食事から摂取しなければならないアミノ酸を必須アミノ酸といいます。そのなかで、とくに気をつけたいのが、タウリンです。猫は人間と違い、タウリンを体内で合成することができません。タウリンが不足すると目の病気や心臓病にかかりやすくなります。

脂肪

猫は小食なので、少量で高いエネルギーが得られる脂肪のほうが、炭水化物よりもエネルギー源として適しています。体内で合成できず、食事から摂取する必要がある必須脂肪酸を多く含むので、肉や魚などの動物性脂肪を多く摂らせてください。猫にとっての必須脂肪酸はリノール酸、リノレン酸、アラキドン酸です。

ビタミン

活発な猫は、人間より多量のビタミン類を必要とします。人間と違い、ビタミンCは体内で合成できるので、食事から摂る必要はありません。反対に、ビタミンAをつくる酵素は十分にないので、食事から必要量を摂取する必要があります。ただし、ビタミンAを過剰に摂ると骨や関節に障害が出るので、適切な量を与えることが必要です。体内に蓄積しやすいビタミンDも過剰摂取には注意しましょう。

ミネラル

猫にはミネラルもたくさん必要です。カルシウムとリンは主要なミネラルですが、量のバランスが悪いと骨などに異常が起こります。ただし、リンとカルシウムのバランスを自分で調整しようとするとかえって猫の健康を害することが多いので、絶対にやめてください。良質の総合栄養食にまかせましょう。また、猫は腎臓病にかかりやすく、過剰なナトリウム（塩分）の摂取は腎臓に負担がかかるので、猫に塩分の多い食事を与えるのは禁物です。

猫に与えてはいけないもの

人間の食べるものをそのまま猫に与えるのはやめましょう。とくに以下のものは絶対に禁止です。

塩分の多いもの

前の項でも説明したように、塩分の多いものを食べさせていると腎臓に負担がかかります。塩やしょうゆをかけた肉や魚、干物、かまぼこやハムなどの加工食品は与えないようにしましょう。

ネギ類やニンニク

ネギやタマネギには猫の赤血球に対して毒性のある物質が含まれています。ニンニクも皮膚炎や貧血を起こすことがあります。ハンバーグやギョウザなど、調理したものに含まれている場合もあるので注意してください。

骨つきの鳥肉・魚

小骨ならまだしも、大きい骨は噛み砕くと鋭く尖った形に割れやすく、口の中やのどに刺さる危険性があります。骨は消化しにくく、消化不良や便秘の原因にもなるので、骨つきの鳥肉や魚は与えない方が無難です。

背の青い魚

アジやイワシなどの脂っこい魚主体の食事、つまり不飽和脂肪酸を多く含む食事を大量に摂ると、抗酸化作用のあるビタミンEが不足して、黄色脂肪症という激しい炎症が起こります。

あわび

体内で代謝する際に毒素が発生し、猫は皮膚炎を起こします。場合によっては耳の先端が壊死することもあります。

こんな食べ物は与え方に注意しよう！

イカ、タコ、エビ、カニ、貝

これらの魚介類に含まれる酵素であるチアミナーゼはビタミンB1を破壊してビタミンB1欠乏症を起こし、骨に異常が出ます。ただし、イカ・タコなどは猫にとって必須栄養素であるタウリンを豊富に含むため、加熱してチアミナーゼが不活性化した状態ならフードなどの成分として猫に与えることは可能です。とはいえ、イカ・タコなどは消化があまりよくないため多量に与えるのは×。

生肉・生魚

病原性の細菌に感染する可能性が高いので、刺身用以外は火を通して。

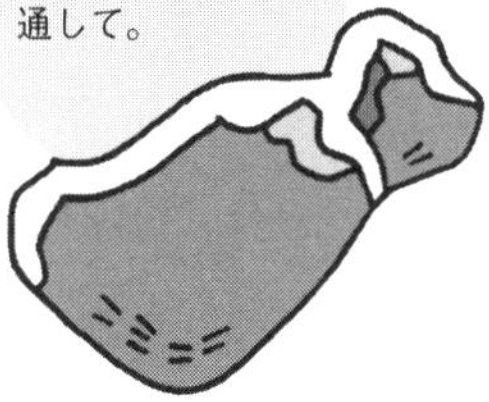

牛乳

猫は牛乳中の乳糖を分解する酵素を十分にもっていないので、下痢を起こすことも。

甘いもの

糖分が多いので肥満の原因に。チョコレートは大量に与えると中毒になることも。

ドッグフード

長期間食べさせると、猫に必要な栄養素の過不足から栄養障害を起こします。

第4章

manual

ボディケア

美容と健康のために定期的に猫の体のお手入れを。

ブラッシング

猫は顔、背中、お腹、手足などを丁寧になめて、自分で自分の毛をグルーミングします。猫になめられると「ちょっと痛い」と感じるものですが、これは猫の舌がザラザラしたトゲのような突起に覆われているからです。この突起がブラシのような役割を果たし、毛についた汚れを落としたり抜け毛を取りのぞいたりするのです。

猫は体が非常に柔らかいですが、それでも首の後ろやあごの下、背中の中央部など、舌が届かない場所もあります。毛の長い猫は毛のボリュームがありすぎるので、手入れしやすい腹部でさえ十分にグルーミングできず、毛がからまって毛玉ができてしまうことも。また、春〜夏は、冬の間、保温のためにみっしりと生えていた毛がごっそりと抜け落ちる時期です。この時期、猫がグルーミングをして抜け毛を大量に飲み込むと、便と一緒に排泄できなかった毛が胃の中で固まって「毛球」ができ、嘔吐したり便秘になったりしてしまいます。

こうしたことを避けるには、人間が定期的にブラッシングして猫の抜け毛を取り除くことが大切です。毛の長い猫は毎日、短い猫でも週に1回は

ブラッシングのポイント

猫の喜ぶ頭の後ろや首のまわりから始めて、背中→シッポ→お腹へ。

してあげてください。毛の流れに沿ってやさしくとかすのが基本です。毛玉ができているときは無理をせず、指先でほぐして毛先から少しずつクシでとかすか、ハサミで毛玉を切り取ります。

ブラッシングには、毛並みや毛ヅヤを美しく保つだけでなく、皮膚の血行をよくする効果もあります。また、子猫が母猫になめてもらうと安心するように、大好きな人に触れてもらうと猫は気持ちが落ち着きます。ブラッシングは猫と人とのコミュニケーションの時間でもあるのです。さらに、毎日のようにブラッシングをして猫の全身に触ると、体の異常に気づきやすくなり、病気の早期発見にもつながります。

シャンプー

体臭のほとんどない猫は、屋根裏に忍び込んでホコリまみれになる、などしてひどく汚れたとき以外、シャンプーをする必要はありません。洗いすぎると必要な脂分まで洗い流されて肌が乾燥し、かえって皮膚病を起こしやすくなります。毛の生え変わる時期や夏場の暑いときなどは、濡れタオルで全身を拭いてあげるといいでしょう。ただ、毛の長い猫や真っ白い猫は体が汚れやすいので、たまにシャンプーをしてあげる必要があります。その際、人間用のシャンプーは決して使わないこと。皮脂の成分が人間と猫では違うので、猫の毛はパサパサになってしまいます。必ずペット用のシャンプーを使用しましょう。

最初にブラッシングして体の汚れを落とし、猫が入れるくらいの洗い桶にぬるま湯を張ってシャンプーを溶かします。桶がなければ弱め&ぬるめのシャワーでもいいでしょう。ここに猫をそっと首まで入れ、耳や目にシャンプーが入らないように注意しながら、全身を洗います。桶のお湯を何度か替えて、もしくはシャワーをかけてシャン

シャンプーのポイント

毛がからむので、足先以外はこすり洗いでなく押し洗いを。タオルドライの際も同様です。

プーをよく洗い流し、お湯で絞ったガーゼで顔と頭を拭きます。手のひらで押すようにしてよく水気を絞ってからタオルで拭き、ドライヤーで乾かしたら、クシで毛先のもつれをほぐします。

歯磨き

猫は2～3歳ころから歯石がつきやすくなり、そこから歯肉炎や歯周炎を起こすようになります。こうした歯周病はじつに3歳以上の猫の80％に見られると言われ、歯が抜けるだけでなく、痛みからものが食べられなくなったり、ストレスを感じて全身の健康状態を悪化させたりすることがあるので注意が必要です。また、口腔内の細菌が血液を通じて全身に運ばれ、心臓や肝臓などの重要な臓器に影響を与えることもあります。

口の中に手や歯ブラシを入れるオーラルケアこそ、子猫のころから慣らさないとなかなかできるものではありません。子猫であればまだ噛む力もそれほど強くないので、あなたもそれほどビクビクしないでトライできるでしょう。最初は指で歯を触っても嫌がらないようなしつけから始め、徐々にガーゼや猫用歯ブラシで歯の表面をこする練習に移行します。週に一度、こうしたオーラルケアができるようにするのが目標です。

爪切り

家具を傷つけられたり人間が引っ掻かれたりしないように、猫の爪は短く切っておきましょう。

猫の爪切りは注意が必要です。人間と違い、爪の根元に血管が通っているので、傷つけるとたいへんだからです。猫は普段は爪を指の間に隠しているので、まずは指のつけ根をそっと押して爪を出します。このとき、よく爪を見ると、根元から中央近くまで、半透明で薄くピンクに色づいた部

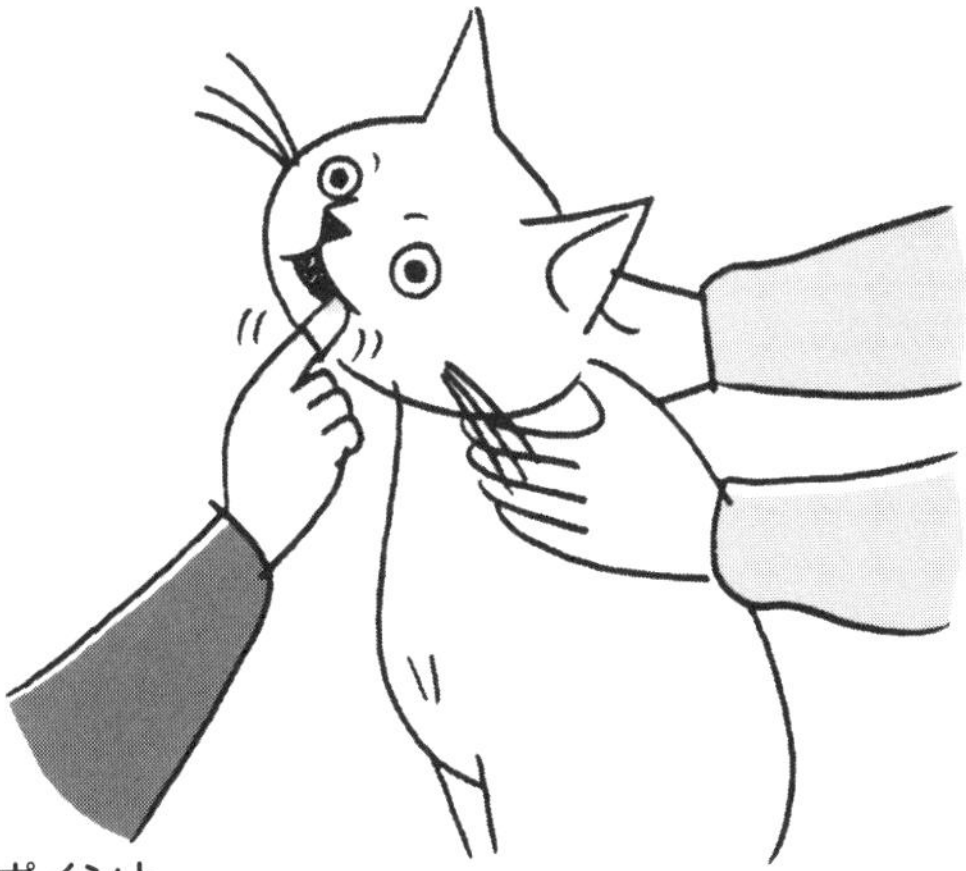

歯磨きのポイント

ふたりのほうがやりやすい。片方が猫の口を開けさせ、もう片方が歯磨きをします。

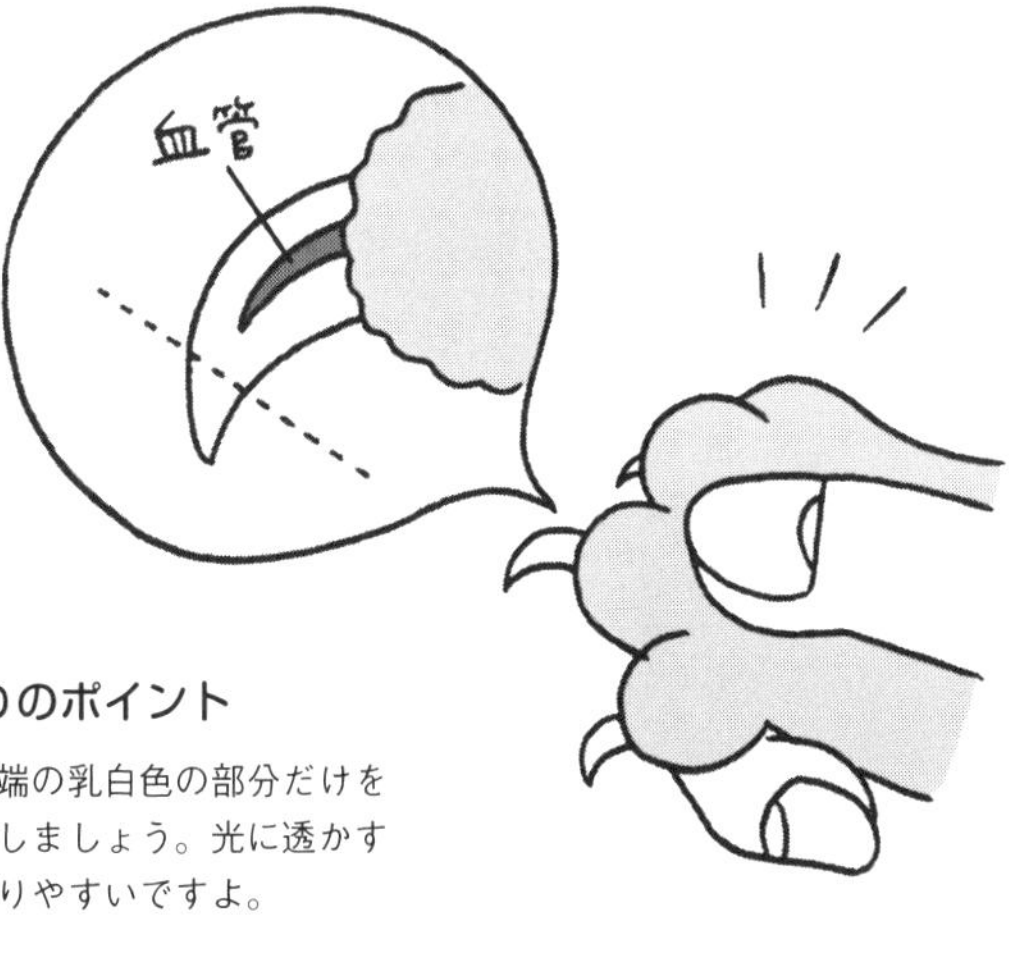

爪切りのポイント

爪の先端の乳白色の部分だけをカットしましょう。光に透かすとわかりやすいですよ。

分があります。ここは血管が通っているので、切らないように十分気をつけてください。先端の乳白色の部分だけを、猫専用の爪切りで2～3㎜カットします。とくに爪が茶色い猫はわかりにくいので、要注意。よくわからない場合は、一度獣医さんに相談してコツを教えてもらうといいでしょう。できれば毎週爪の伸び具合をチェックして、伸びていればカットします。

　猫が嫌がるときは無理をしなくてかまいません。抑えつけてまで切ろうとすると猫は嫌がって、あなたがケガをすることになりかねないからです。毎日1本ずつ切ればいいや、という感じで気楽にかまえてください。

耳掃除

　猫の耳は、耳の病気や耳あかが出やすい体質でない限りはきれいなので、指にティッシュを巻いて入り口の汚れを拭き取るだけでOKです。綿棒を使ってもかまいませんが、汚れを中に押し込まないように、また奥まで綿棒を差し込みすぎないように注意をしてください。耳のケアはやりすぎると逆効果なので、10日～2週間に一度で十分です。汚れがひどいときは病気の可能性が高いので、獣医さんに相談しましょう。

目の掃除

　ペルシャのような鼻がつぶれた猫は、目からの分泌物が多いので、目頭の毛が茶色っぽく変色することがあります。こうした場合はぬるま湯に浸したコットンをしばらく目頭にあて、汚れを浮かせてから拭き取ります。一度で落ちないときは、数回繰り返すといいでしょう。ひどい目ヤニが出ているようなときは、やはり病気の心配があるので、動物病院へ連れていってください。

知っておきたいノミ・ダニ対策

猫の体にノミやダニなどの寄生虫がつくことがあります。ノミ・ダニがもっとも活動的になるのは梅雨～夏ですが、暖房設備が整って気密性の高い現代の住宅では彼らは1年中活動し、繁殖も可能です。ノミ・ダニは猫の体につく成虫だけでなく、卵や幼虫という形で部屋のホコリの中などに潜んでいます。寄生されるとものすごいかゆみがあるうえ、ノミアレルギー性皮膚炎、瓜実条虫症、ツメダニ症といった病気の原因になることがあるので、注意が必要です。もちろん、ノミは人間にも寄生するので、猫からノミが移れば、人間もかゆみや湿疹に悩まされてしまいます。

猫が体をしきりにかいている、ブラッシングすると黒い小さな粒が点々とついてくる（これはノミの糞です）、寝床にもこの黒い粒が落ちているといった場合、すでに猫にノミがついている可能性が大です。すぐに動物病院でノミ駆除剤を処方してもらいましょう。必要なら、獣医さんの指示のもとに、ノミ取り用シャンプーで体を洗います。同時に、家の中をすみずみまで徹底して掃除機がけしてください。猫の体に寄生していた成虫を駆除しても、床や家具の隙間に落ちている卵や幼虫をそのままにしておいては、それらが成長したときにまた被害にあってしまいます。

床はゆっくり丁寧に、コーナーまで余さず掃除機をかけます。ノミの温床になりやすい猫のベッド、いつも昼寝するソファの座席と肘掛の間、幼虫のエサとなるゴミや抜け毛がたまりやすい家具の下なども、アタッチメントをつけかえてしっかり掃除機がけをしましょう。掃除機のゴミパックは早めに交換し、殺虫剤をかけてから捨てます。

第5章

manual

病気・ケガのときには

病気が疑われる症状の紹介と、事故やケガのときの対応方法です。

「いつもと違う」に気づこう

体に異常を感じたとき、猫は「ここが痛い」とあなたに伝えることができません。しかも、ちょっと頭が痛いだけで大騒ぎする人間と違って、猫はとても我慢強い動物です。痛くても苦しくても、安全なところに隠れ、状態がよくなるのを静かに待つだけです。このため、家族も猫の異常に気づくのが遅れてしまいます。気づいたときには…ということも少なくないのです。

病気の早期発見のために大切なのは、家族が猫のふだんの生活パターンを知っていること。そして、いつもと違うことをしたら注意深く様子を観察することです。たとえば、いつもは家族が帰宅すると必ず迎えに出てくる猫が顔を見せない。昨日も今日も、いつもなら完食する食事を半分残している。こういうときは、体に何か異常があるのかもしれません。ほかに病気の兆候がないか、よく気をつけてあげてください。

また、毎日のグルーミングや遊びの時間は、格好の健康チェックタイムでもあります。抱っこしたりなでたりしながら全身をざっと触り、毛がはげていたり皮膚がただれているところはないか、

食欲

とくに食欲は元気のバロメーター。1回食事を抜いたくらいならムラ食いやフードに飽きた可能性もありますが、1日以上食べないときは注意が必要です。また、たくさん食べているのにやせるのも体に異常がある証拠。

触ると嫌がるところはないか、口や耳からいやな臭いがしないか、お気に入りのオモチャで遊びに誘っても興味を示さないことはないか、歩き方がおかしくないか、などをチェックしましょう。

病気が疑われるおもな症状

次に、病気の徴候と思われる症状をいくつか挙げておきます。囲みの「こんな症状があったら動物病院へ」に書いたような症状がみられるときは、動物病院のあいている時間ならすぐに、夜中であれば朝いちばんに受診しましょう。そこまでひどくない状態で、猫が元気も食欲もあるようであれば、症状が落ち着くかどうか少し様子をみてもいいと思います。ただし、猫から目を離さずにおき、悪化してきたときは動物病院に連れていってください。とくに、子猫や高齢の猫は症状の進行が早いので要注意です。あらかじめ、近所で夜間に診察をしてくれる動物病院を探しておきましょう。

嘔吐

こんな症状があったら動物病院へ

- 1日に何度も吐く
- 続けて何日も吐く
- 吐いたものに血が混じっている
- 下痢や食欲不振がある
- 苦しそうに激しく吐く

猫は自分でグルーミングをした際に抜けた毛を飲み込んでしまうので、毛の塊である「毛球」が胃の中にできることがあります。これを吐き出すために、猫はときどき嘔吐します。また、急いで食事をしたためにうまく飲み込めず、戻してしまうこともあるでしょう。嘔吐が1度だけで継続せず、吐いたあとにケロッとして普段と様子が変わらないようであれば、心配はいりません。

何度も続けて吐いたり、2日も3日も嘔吐が続くようなら、胃腸の病気、糖尿病などの代謝異常、腎臓病、肝臓病などの可能性が高いでしょう。少量を頻繁に吐くなら食物アレルギーも考えられます。苦しそうなときや激しく吐くときは、異物を飲み込んだり中毒を起こしている可能性が高いです。こういうときは一刻を争うので、大至急、動物病院へ。

このとき、吐いたものの情報がたくさんあると、獣医さんが病気を診断する手掛かりになります。吐いたものを容器に入れて動物病院に持参するか、吐いた物の色や形、嘔吐の回数や間隔などを詳しく獣医さんに伝えましょう。

便の異常

猫の便はこげ茶色でやや固く、回数は1日1～2回が普通です。1日に何度も排便したり、トロトロした液体状の便が出るときは下痢です。こうした状態が何日も続いたり、慢性的に繰り返し下痢をするときは、病気が隠れていると考えられます。単なる消化不良のこともありますが、感染症なども考えられるので注意が必要です。

赤い血が混じっている便は大腸からの、黒っぽい便は胃や小腸からの出血がある証拠です。どちらも重大な病気の可能性があるので、すぐに診察を受けましょう。このとき、できれば便を持参すると獣医さんが診断しやすくなります。

便が出ないとき、苦しそうにいきんでいるときは便秘かもしれません。サラダオイルを小さじ1杯食事に混ぜて様子をみて、それでも改善しないときは動物病院へ。

こんな症状があったら動物病院へ

- 下痢や軟便が数日続く
- 便に血が混じる
- 黒く軟らかい便が出る
- 2日以上出ない
- 苦しそうにいきむ
- 食欲不振や嘔吐がある

尿の異常

こんな症状があったら動物病院へ

- 尿が出にくい
- 極端に回数や量が多い
- 尿の色が赤や茶色がかっている

濃い黄色の尿を1日2～5回するようであれば正常です。いつもと比べて頻繁にトイレに行くのに尿をした形跡がない、ほんの少ししか出ない、トイレをきれいに掃除したのにほかの場所でしてしまう、といったときは、尿石症や膀胱炎など泌尿器系の病気が疑われます。ほうっておくと重大な病気に至ることもあるので、早く動物病院に連れていってください。

反対に、尿が何度も多量に出る場合、とくに水をたくさん飲む場合は、腎臓の機能に問題があるか、糖尿病などの代謝異常の可能性が高いです。赤みがかった尿、もしくは血が混じる尿は、泌尿器からの出血や溶血性貧血が考えられます。オレンジ色に近いほど濃い色の尿が出て、口の粘膜や目の結膜が黄色くなっているときは、黄疸かもしれません。

呼吸の異常

こんな症状があったら動物病院へ

- 浅くて早い呼吸をする
- 苦しそうに息を吸う

たくさん遊んだときや気温が高いときをのぞき、猫の呼吸はとても静かです。猫は肺の4分の3が機能を失うまで症状が現れないため、呼吸の異常に気づいたときには手遅れになる場合が少なくありません。このため、走るとひどく息が乱れる、遊ばなくなるなどの兆候がないか、普段から呼吸の異常には注意をしておく必要があります。

口をあけたまま浅くて早い呼吸をするときは、肺炎などの肺の病気か胸に水や膿がたまっている可能性があります。つらそうに息をして、ゆっくりと深く息を吸い込む状態が長く続くと、唇が紫

こんな症状にも要注意

目ヤニがひどい、目に白い膜（瞬膜）が張っている、黒い耳あかが出る、口臭がひどい、しきりに体をかく、脱毛しているなどの場合も、できるだけ早く動物病院を受診することをおすすめします。

色になるチアノーゼになって、酸欠を起こすかもしれません。この場合、気管に異物がつまっている可能性もあるので、夜間でも受け入れてくれる動物病院を探して、大至急、受診してください。

全身の異常

こんな症状があったら動物病院へ

- しきりに頭を振る
- 歩き方がおかしい
- けいれんしている

耳がかゆいとか虫や異物が耳に入ったときも猫はしきりに頭を振りますが、耳の皮膚がただれている、黒いあかがたまっている、といった耳の異常が何もないのに頭を振るときは、脳や神経の異常が考えられます。まっすぐ歩けない、ふらつく、立てないなどの歩き方の異常があるとき、視点が定まらないとき、突然攻撃的になるときなどは、さらにその可能性が高まるので、動物病院で検査を受けましょう。ひどくふるえたりけいれんしているときは重症です。夜間でも受け入れてくれる動物病院を探して、大至急、連れていきましょう。

片足をひきずったり、フラフラとよろめいたり、抱かれたり触られたりするのをひどく嫌がるときは、骨折や関節の病気かもしれません。ただし、少し足を引きずる程度なら1日様子をみてもいいでしょう。

事故が起きたときは冷静に

猫は好奇心旺盛だし、高いところに登ったり飛び降りたり、急にダッシュしたりすることが好きなので、事故にあいやすいと言われます。普段から、身の周りに危険な場所や危険なものがないか、注意してあげてください。たとえば、交通事故にあわないように室内だけで生活させる、ベランダから落下しないように高い柵を設置する、アイロンをつけたまま、熱い飲み物をテーブルに置いたまま部屋を離れない、などといったことに気を配るだけでも、事故の危険性は大きく減らせます。

　それでも事故が起きてしまうことはあります。その場合、まずはあなたが冷静になりましょう。パニックになってむやみに猫をゆすったり抱き上げたりすると、かえって状態を悪化させてしまいます。たとえば、けいれんしているときは猫を動かさないほうがいいのです。意識がないときは、気道をふさぐので頭を持ち上げてはいけません。

　最初に自分の気持ちを落ち着かせ、何が起きたのか、ケガの状態はどうか、体に異常はないかを確認します。車にはねられて重傷を負ったとかひどいヤケドをしたとき、とくに歯茎や舌が白や紫色になっている、呼吸が荒い、意識がない、脈がないというときは、夜間でも受け入れてくれる動物病院を探して、一刻も早く駆けつけるべきです。その際には、いきなり動物病院に行くのではなく、事前に電話して猫の状態をよく説明し、着いたらすぐに対応できるよう準備をしておいてもらいます。猫が暴れるときは、後ろから大きめのタオルをかぶせて全身を包み込み、そのまま洗濯ネットに入れてしまうといいでしょう。可能ならネットの隙間から応急処置をしてもいいですが、ひどく気が立っているなら無理はしないでください。ネットに入れたままキャリーバッグに入れて、動物病院へ連れていきます。

応急処置の仕方

血が出ているとき

　傷口を水で洗うか濡らしたコットンで拭きます。その後、ガーゼをあててテープを強めに巻くか、傷口より心臓に近い場所を指で抑えて止血し、血が止まったら新しいガーゼをあてて包帯で固定します。傷口にガラスや小石が入っているときは無理にとりのぞかないで。骨折しているときは、添え木をするのが難しいようなら、折れているほうを上にします。いずれもすぐに動物病院へ。

ヤケドをしたとき

水道の水を直接患部にかけると皮膚がはがれることがあるので、タオルでくるんでから冷水のシャワーをあてます。水をかけられるのを嫌がるときは、氷のうや保冷剤などで冷やします。動物病院に行く間も患部を保冷剤などで冷やし続けましょう。軟膏などを塗るとかえって症状が悪化するので、決して使わないでください。

感電したとき

絶対に猫に触ってはいけません！　あなたまで感電してしまいます。先にコンセントからプラグを抜きましょう。それから猫の状態を確認します。

中毒が疑われるとき

吐かせると危険なものもあるので、そのまますぐに動物病院を受診します。口にしたものによって対処方法が違うため、吐いたものは必ず持参しましょう。

異物誤飲

のどの手前であれば、頭だけ出して全身をタオルでくるみ、指を噛まれないようにピンセットなどで取り出します。ただし、無理はしないで。

第6章

manual

コミュニケーション

言葉が話せない猫の気持ち、わかってあげたい。

猫の感情表現は多彩

言葉が話せないうえに、勝手気まま。そんな猫の気持ちなんて、人間にはわかりっこない。そう思っていませんか？　ところが、猫は鳴き声やしぐさを通じて、じつに雄弁に感情を語る動物なのです。猫の「コトバ」には、大きくわけて鳴き声とボディランゲージがあります。それぞれに基本的な意味はありますが、猫のコトバは非常に微妙なので、愛猫がどういうときにどういう鳴き方をするかは、観察しながら覚えるしかありません。コミュニケーションは、相手を理解したいという愛情の積み重ねのうえに成り立つものなのです。

鳴き声の意味を知ろう

猫は大人になるとあまり鳴かなくなるものですが、人間と暮らしている猫はよく鳴きます。それは子猫の気分が抜けないため、とよく言われますが、実際には、猫は人間と生活するうちに、「鳴くと人間が自分に注意を向けてくれる」ことを自然に学習するから、というのがもっとも大きな理由だと考えられます。このことを学んだ猫は、状況に応じて細かく鳴き声を変え、積極的に人間とコミュニケーションを図ろうとします。

猫が鳴くとき、それは基本的に不満や要求があるときです。「お腹がすいた」「ドアの向こうに行きたい」、そういう感情や考えが「ニャア」という鳴き声になっているのです。また、猫は「見て見て！」と注意を引きたいときにもよく鳴きます。ですから、猫が鳴いているときは、何を訴えているのか、その原因を考えてみてください。

猫はときどき、声を出さずに口だけ鳴いているように小さくあけるときがあります。これは人間には聞こえない高い周波数の音を出している、という説もありますが、お願いの一種であることに違いはありません。「ね？　いいでしょ？」というような意味です。

不満や要求以外の鳴き声もあります。たとえば「ゴロゴロ」。これは猫がリラックスしていること、満足していることを示す、のどの音です。ただし、病気で苦しいときとか死期が近づいているときにこの声を出すこともあります。このため、ゴロゴロには世話をしたり保護を求める意味があり、「ねえ、私のことちゃんと見ていてね」という気持ちも表す声だと思われます。

相手が気に食わないとか機嫌が悪いときには「ウウウ～」といううなり声をあげます。「なんだよ、お前」「ムカつくなあ」という感じです。口を大きく開いて歯をむき出し、「シャーッ」とか「フ～ッ」というときは、相手を威嚇しています。「こっちへ来るなよ！　きたらお前をやっつけてやるぞ！」というわけです。窓辺に飛んできた鳥に向かって「カカカカッ」と鳴いているのは、興奮しているのです。

ボディランゲージも豊富

猫は体全体を使って気持ちを伝えてきます。一方で、シッポや耳、ヒゲなどの部位も感情を表します。猫はこれらを組み合わせ、非常に複雑な表現をするので、猫のボディランゲージの意味を知ると、コミュニケーションがいっそう深まります。

全身の動作

人間の脚にゴンと頭をぶつけてくる、顔や体をすりつける、といった動作は親愛の情の表れです。猫は自分のテリトリーの中にあるものに体をこすりつけ、自分の臭いをつけます。これは「マーキング」といって「ここはボクの場所だぞ」と主張するための行為です。また、仲のよい猫同士は体をこすりつけてお互いの臭いをつけ合い、コミュニケーションを取ることがあります。つまり、猫はあなたに自分の臭いをつけることで、あなたと親密な一体感を保とうとしているわけです。いわば「あなたが大好きよ！」と言っているのです。

目の前で急にゴロンと横になってお腹を見せるのは、「遊んでよ」というサイン。いちばんのウイークポイントであるお腹をみせることで、「あなたを信頼しているわ」と伝えているのです。

あなたが読んでいる新聞の上にゴロンと横になったり、パソコンに向かっているとキーボードの上を歩いたりするのは、「ねえ、かまってよ」と注目を引くためのアピール行動。あなたが大騒ぎして嫌がると、「これは効果あり！」と学習して何度でも繰り返しやりますよ。

猫が体とシッポの毛を逆立てて「シャーッ」と言っているときは、攻撃をしようとしているのではありません。反対に、恐い相手を寄せつけたくないので威嚇しているのです。このとき、カニのように斜めに歩いたりとび跳ねたりすることもあります。横を向いて自分を大きく見せつつ逃げようとするので、おかしな歩き方になるわけです。こういうときの猫はパニック状態なので、へたに近づいたり手を出さないほうがいいでしょう。

お腹を床にぴったりつけてうずくまり、耳を倒してシッポを隠しているときは、降参や恭順のサイン。できるだけ体を小さく見せて、相手に抵抗する意志がないことを示しています。あなたに叱られているときにこんなしぐさをするのは、「ごめんなさい」という意味なのです。

シッポによる表現

犬を飼っている人は、動物が激しくシッポを振るのは喜んでいるからだと思いがちですが、猫ではその意味は正反対。猫がバタバタ音がするほど床にシッポを打ちつけたり、ヘビのようにクネクネ振っているときは、イライラしたり不安に感じているときです。「オレにかまうなよ！」と言っているのですから、そっとしておきましょう。なでられていた猫が急にシッポをパタパタ振りだしたときも「もうやめて」という合図です。

シッポの先だけピクピク動かすのは、考えごとをしているとき。「あっちに行こうかな」「それともこっちがいいかな」などと迷っていることもあります。さらに、名前を呼ばれたときなどに、返事のかわりにシッポの先だけパタパタと動かすこともあります。たぶん、鳴いて返事をしたりそちらへ行くのが面倒なのでしょう。

シッポをまっすぐ上に立てているのは、相手に対する友好の気持ち。「ついておいで」と相手の注意を引いて行動をうながしたいときにもシッポはピンと立ちます。

表情

猫の目は光の量を調節するために瞳孔の大きさが変化します。それだけではなく、不安や恐怖を感じたり、何かに強く興味を引かれたときも、一

全身の動作

おびえている度合いが強いほど、低い姿勢になって自分を小さく見せようとします。相手の攻撃を防ぎたいときは、両足をピンと伸ばして背中を膨らませ、毛を逆立てて自分を大きく見せます。本気でケンカするときにはすぐに襲いかかれるように身構えます。

瞬でぱっと瞳孔が広がります。強く警戒していたり、攻撃しようというときは、対象に狙いを定めるために瞳孔は縦に細長くなります。また、くつろいでいるとき、猫の目は閉じているか半開きの状態になります。

耳は普段はピンと立って前を向いています。左右の耳が違う方向を向いて忙しく動いているときは、鋭い聴覚によって周りの情報を収集しようとしているときで、いわば警戒態勢。不安や恐怖を感じると、耳は横に倒れます。それが高じると、今度は両耳を後ろにぺったりと倒します。耳が後ろを向いていても、ぴんと立っているときは、攻撃しようとしているときです。

ヒゲは、猫が興奮したり獲物を狙っていると、センサーのようにピンと前に張り出します。リラックスしているときにはダラリと下に垂れ下がります。

覚えておきたい行動

猫が家族の手や足首などに噛みついてくることがあります。これは、猫同士がよくやる取っ組み合いの遊びと同じで、攻撃ではなく「遊ぼう」というシグナルです。その証拠に、本気の噛み方ではなく、力を抜いて軽く噛んでくるはずです。動くものに興味を惹かれて飛びついてくる、という場合もあります。本気で噛んだり爪を立ててくるときは、すぐに本気で「ダメ！」と叱りましょう。このときは、母猫が子猫を教育するときのように、鼻を指で軽くはじいてもいいですよ。

また、叱られたり失敗をすると、猫が急に体をなめ始めることがあります。これは叱られている不安や失敗の動揺を紛らわせ、自分を落ち着かせるための行為です。決して話を聞いていないというわけではないので、ムッとしないでくださいね。

猫の表情あれこれ

「いい気持ち～」
目を閉じてヒゲはダランと
垂れています。

「なにあれ？」
耳は対象のほうをまっすぐ
向いて、瞳孔はいっぱいに
広がり、ヒゲも前にピン。

「なんかヤな感じ」
耳は横に倒して、瞳孔は開
き気味。

「コワイ～～！」
耳は後ろに倒れて瞳孔は
まん丸に。

「やるぞ、コラ！」
耳は立てたまま後ろに引い
て、ヒゲは前に突きだし、
瞳孔は縦に細長い。

これでこの本はおしまいです。

ほら、あなたの隣には、もう猫が…。

■監修

石田卓夫（いしだ たくお）

1950年、東京都生まれ。国際基督教大学教養学部、日本獣医畜産大学獣医学科卒業。東京大学医科学研究所助手を経て、1982年、カリフォルニア大学デイビス校獣医学部外科腫瘍学科研究員に。1985～1998年、日本獣医畜産大学獣医学科で講師・助教授を務める。現在は赤坂動物病院医療ディレクター、（一社）日本臨床獣医学フォーラム会長、日本獣医がん学会会長などを歴任し、猫の専門医として国内外に知られる。

近著に、『ねこのお医者さん』（講談社＋α文庫）、『猫のエイズ― FIV感染をめぐって』（集英社新書）、『ねこと「しあわせ上手」に暮らす本』（講談社SOPHIA BOOKS）などがある。

■スタッフ

デザイン　藪 ふく子

イラスト　さいとう あずみ

編　集　高梨奈々
永井津也子（セキ株式会社）

協　力　篠塚香苗（株式会社プラス・ワン）
渡辺舞子（株式会社プラス・ワン）

猫と暮らすと幸せになる77の理由

2013年10月7日
第1刷発行

発行者　関 宏孝

発行所　Collar出版（セキ株式会社）
〒151-0053　東京都渋谷区代々木3丁目2番8号
電話 03-3377-1230
http://www.seki.co.jp/

発売所　丸善出版株式会社
〒101-0051　東京都千代田区神田神保町2丁目17番
電話 03-3512-3256
http://pub.maruzen.co.jp/

印刷所　セキ株式会社

ISBN　978-4-9906379-2-7　C0045

料金受取人払郵便

代々木局
承　認

620

差出有効期限
平成27年9月19日
まで

切手不要

切手を貼らずに
お出しください。

郵便はがき

151-8790

213

東京都渋谷区代々木3丁目2番8号
セキ株式会社内 Collar出版 行

お名前《フリガナ》		
生年月日(西暦)	年　月　日	男・女
ご職業(当てはまるものを○で囲んでください) 1 会社員(管理職・営業職・技術職・事務職・その他) 2 公務員 3 教育職 4 医療・福祉(医師・看護師・その他) 5 会社経営者 6 自営業 7 マスコミ関係 8 クリエイター 9 主婦 10 学生(小・中・高・専門・大・その他) 11 その他(　　　)		
ご住所 〒　－		
電話番号　－　－		
E-Mail		

《読者カード》猫と暮らすと幸せになる77の理由

本書をご購入いただきありがとうございます。

今後より良い書籍をつくるための参考資料として
アンケートのご協力をお願いいたします。

■どこでご購入されましたか？（該当項目にチェックを入れてください。）

□ 一般書店　□ インターネット　□ その他　店名（　　　　　　　　　　　　）

■ご購入の動機は？（該当項目にチェックを入れてください。）

□ 店頭で興味をもって
□ 広告をみて（誌名　　　　　　　　　　　　）
□ 書評をみて（誌名　　　　　　　　　　　　）
□ ウェブサイトをみて（サイト名　　　　　　　　　　　　）
□ 人にすすめられて
□ 学習・指導教材として
□ その他（　　　　　　　　　　　　）

■ご意見・ご感想をお聞かせください。

■万一、誤字・脱字等がありましたらお知らせください。

ご協力ありがとうございました。

本書に関するご意見・ご感想はメールでも受け付けています。info@collar-style.com